CMP BOOKS
机工IT

深入解析
Python
反爬虫

任杰麟　苟如意 / 著

U0280474

机械工业出版社
CHINA MACHINE PRESS

本书主要介绍了反爬虫的相关技术，内容涵盖了爬虫工具、加密算法、App 爬虫等，从理论到案例实践，深入浅出。本书详细讲解了常用的抓包工具、反爬虫机制、验证码识别、动态网页反爬虫、JavaScript 文件处理。本书聚焦加密数据的破解、App 应用爬虫以及破解方法、部署爬虫程序。对于以上内容，本书进行细分总结，将相关知识点都纳入其中，形成一套完整的体系。

本书适合 Python 爱好者、爬虫工程师、数据分析师，以及高等院校计算机科学技术、软件工程、网络工程等相关专业的师生。

图书在版编目（CIP）数据

深入解析 Python 反爬虫 / 任杰麟，苟如意著.

北京：机械工业出版社，2024. 9. -- ISBN 978-7-111
-76407-6

Ⅰ. TP311. 561

中国国家版本馆 CIP 数据核字第 2024028TU6 号

机械工业出版社（北京市百万庄大街 22 号　邮政编码 100037）
策划编辑：张淑谦　　　　　　责任编辑：张淑谦
责任校对：樊钟英　牟丽英　　责任印制：郜　敏
中煤（北京）印务有限公司印刷
2024 年 10 月第 1 版第 1 次印刷
184mm×240mm · 15.25 印张 · 308 千字
标准书号：ISBN 978-7-111-76407-6
定价：99.00 元

电话服务　　　　　　　　　　网络服务
客服电话：010-88361066　　　机 工 官 网：www.cmpbook.com
　　　　　010-88379833　　　机 工 官 博：weibo.com/cmp1952
　　　　　010-68326294　　　金 书 网：www.golden-book.com
封底无防伪标均为盗版　　机工教育服务网：www.cmpedu.com

前　言

PREFACE

本书背景

这是一个数据量爆发式增长的互联网时代，不管是企业还是个人，工作中都会使用到大量的数据。例如：对手企业商品的优点、价格，客户的兴趣爱好，当前流行的事物、语言等。而如果还是像普通用户一样访问数据，再复制粘贴，一个个将数据写入文档中，最后再进行分析统计，这无疑会浪费大量的时间和精力。而爬虫技术能自动搜集网络上的相关数据，还可以将获取的数据自动进行分析整合。所以，爬虫是快速获取数据的重要方式。

但数据的拥有者肯定不希望自己的数据被随意爬取。而且爬虫也会占用服务器的资源，导致正常用户的访问变得困难。这些原因导致反爬虫这一机制出现了，它在数据的周围建立起了高墙，还在墙上挂上了照妖镜，用来区分普通用户和爬虫，这使得爬虫会在数据的城墙下被识别出来，并被拒绝进入其中。甚至有的机制将爬虫识别出来后，并不揭露爬虫的身份，而是将其放入城中，引入提前设置好的陷阱之中。

网站开发者为了保证网站能够正常运转和降低服务器的运营成本，会通过一些手段限制爬虫的访问。限制爬虫程序访问服务器资源和获取数据的行为称为反爬虫。限制手段包括但不限于请求限制、拒绝响应、客户端身份验证、文本混淆和使用动态渲染技术。简单地说，网站会运用不同方法对访问者的身份进行验证，来识别是否是爬虫，进而决定是否限制访问。网站也会采用动态加载网页、数据通过 JavaScript 加载等方法，来增大数据分析处理的难度。同时，网站还会增大网络分析难度，使爬虫程序抓取 URL 失败，导致异常。

本书主要内容

通过上网搜索可以发现，反爬虫的知识点是非常凌乱的。一篇博客文章讲述如何设置代理 IP，并构建代理 IP 池来进行反爬虫；而另一篇博客文章只讲解基于 headers 字段的 user-agent 和 cookie 的反爬虫机制。与其他知识学习相比，反爬虫没有一个比较系统的知识体系。东一点，西一点，很难形成系统的知识体系，不利于我们掌握这方面的知识。并且随着爬虫技术的提升，反爬虫技术也在逐渐进步，这个进步不是基于某一个方向的，可能这一次是在限制 IP 访问的次数与时间，下一次就是对 JavaScript 文件进行隐藏加密了。所以反爬虫的资料是相当零散的，很多人都只总结了某一方面的反爬虫知识，而没有系统的整体的反爬虫知识体系。

我想，既然网络上没有一个系统的反爬虫知识结构，那何不自己构建一个呢？

本书将反爬虫知识分为三大部分：**前置知识、爬虫知识和反爬虫知识**。

前置知识：这方面的内容包括后面学习需要用到的其他方面的知识，例如：前端知识，什么是 HTML，CSS 的作用是什么，JavaScript 又有怎样的作用；计算机网络知识，什么是 URL，网络是怎样发送请求的，GET 和 POST 请求的区别，发送的请求包含哪些数据，HTTP 协议的功能与作用，响应返回的状态码的含义，HTTPS 是怎么完成数据加密的。

爬虫知识：在这一方面，哪需要知道一个爬虫程序是如何生成的，需要用到的 Python 模块以及模块的具体使用方法。如何构建一个请求；请求得到的数据怎么进行解析以获取想要的子数据；正则表达式在其中的作用；以及如何将获取的数据保存在本地；形成一个文件，或是构成数据库，而不是只将数据打印在控制台中。

反爬虫知识：前面已经说过了，这方面的知识非常凌乱，需要将这些零散的知识点进行分类整理，形成一个系统的整体。这方面常用的抓包工具有哪些；哪些反爬虫机制属于信息校验型反爬虫；验证码反爬虫是怎样破解的；哪些机制属于动态网页的反爬虫；JavaScript 文件应该如何处理；当抓取的文本与实际文本有差别时应该怎么办；加密的数据应该如何破解；当要抓取的数据在一个 App 应用中，应该如何对 App 应用进行爬虫以及破解它的反爬虫的方法；怎么部署一个爬虫。

以上这些知识可以细分，将相关知识点都纳入其中，形成一个完整教程。

在学习爬虫这方面，实操是避免不了的。只有经过实际操作，才能真正掌握这方面的知识。其实在学习反爬虫的种类及机制时，就可以学习相应的破解技术。每学完一个反爬虫技术，就爬取一个应用该技术的网页，**做到边学边练**。这样我们的爬虫技术就会越来越强，在今后爬取某一陌生网页时，可以先对网页进行分析，了解我们需要的数据放在哪里，其应用了哪些反爬虫的机制、数据是否加密等，从而来构建我们的爬虫框架，再根据实际的爬虫情况来完善爬虫程序，完成对一个网页的数据爬取。

同时还需要注意，掌握了爬虫技术之后，并不是什么数据都可以爬取，抓取到的数据并非就是我们自己的了。**应该了解什么样的爬虫是犯法的**。像爬取公民身份信息，就属于侵犯了公民隐私权，这是肯定不允许的。而且我们爬取的数据都是别人的，千万不要到处传播，做出违法的事。

本书特色

- 内容全面，系统讲解爬虫知识。
- 详细介绍了爬虫与反爬虫的方法。
- 提供了多个较高应用价值的爬虫实战案例，具有较强的应用性。

致谢与勘误

本书的出版汇集了多人的辛勤付出，感谢家人的鼓励与支持。作者特别感谢机械工业出版社的张淑谦老师，他对本书的出版给予了大力支持，提供了很多宝贵意见。限于作者的学识水平，本书难免存在不足和疏漏之处，敬请读者批评指正。

目录 CONTENTS

无处不在的反爬虫

本章思维导图

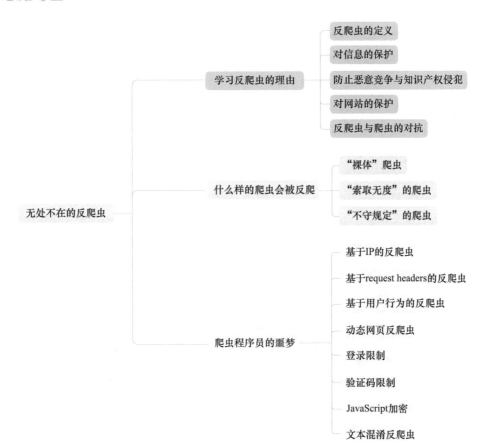

本章知识点:

- 反爬虫可以防止爬虫程序获取网站数据,同时也有利于网络的维护。
- "裸体"爬虫是反爬虫重点关注的对象,虽然技术不高明,但是数量太多,容易影响网络性能。
- "索取无度"的爬虫一直占用网络资源,所以也是反爬虫技术重点关心的对象。因此自己制作爬虫时,也应"节制、自律"。
- "不守规定"的爬虫是一种不良表现。在写爬虫程序的时候应遵循 robots.txt 文件,这有助于建立爬虫与网站所有者之间的合作关系,保持良好的网络环境。
- 常见的反爬虫技术有基于 IP 反爬虫、基于 request headers 反爬虫、基于用户行为的反爬虫、动态页面的反爬虫、登录限制、验证码限制、JavaScript 加密和文本混淆等。

　　在介绍反爬虫之前,先来介绍一下什么是爬虫,因为反爬虫是基于爬虫而衍生出来的技术。爬虫是一种从网络中获取数据信息的技术。互联网就如同一张巨大的蜘蛛网,可以将爬虫看成一只小蜘蛛,它活动在互联网这张巨大的蜘蛛网之上,每一个网络节点都存放着小蜘蛛想要吃的食物,所以它会顺着这张网爬向各个节点,将节点上的食物带回家中慢慢享用。将这里的小蜘蛛换成爬虫,食物换成数据,就能理解爬虫的作用了。爬虫能将网络中远在天边的数据爬取到自己的计算机上,供自己使用,这样我们就从网络中爬取到了自己想要的数据和信息。

　　说到获取信息,首先可以想到常用的浏览器。在浏览器中输入想要的内容,浏览器就会返回给我们一大堆相关信息,那么浏览器又是从哪里弄来这些信息的呢?其实浏览器也是应用了爬虫这一技术。拿百度的搜索引擎来说,百度搜索引擎每天都会在互联网中爬取大量的信息,然后收录、集中起来,当用户使用百度进行搜索时,百度的搜索引擎就会对用户输入的信息进行分析,提取其中的关键字,再将关键字与收录的信息进行匹配,然后将匹配的结果一一展现给用户。所以爬虫技术能够帮助我们快速地获取网络中的资源和数据。

　　那么什么是反爬虫呢?反爬虫就是为了防止网站的数据被爬虫爬取而产生的技术。作为数据的拥有者,肯定希望自己的数据只有自己能够拥有和掌握,其他人若是想要获得这些数据,必须经过数据拥有者的许可!然而爬虫的出现打破了这一规则,让企业辛苦得来的数据流失。而且爬虫可能会占用大量服务器资源,导致正常用户的访问变得困难,降低网站的体验。

　　出于以上这些原因,反爬虫机制出现了,它在数据的周围建立起城墙,还在墙上挂上了照妖镜,用来区分正常用户和爬虫,这使得在城墙外的爬虫会被识别出来,并被拒绝进入其中。甚至有的反爬虫机制将爬虫识别出来后,不揭露它爬虫的身份,而是将爬虫放入城中,将其引入提前设置好的陷阱。市面上反爬虫技术的机制各式各样，但是它们共同的目的都是防止数据被爬虫获取。

1.1 学习反爬虫的理由

那我们为什么要学习反爬虫呢？仅仅是为了对抗爬虫吗？当然不止这样，学习反爬虫还能维护网络生态、防止恶意竞争、防止数据泄露以及提供更加安全和优质的服务。总之，学习反爬虫技术是为了维护网络的健康发展，保护用户和网站的权益，确保互联网环境的安全和有序。

1.1.1 反爬虫的定义

反爬虫是一种网络技术，用于识别和阻止自动化脚本（即爬虫）非法获取网站内容的行为。这些爬虫通常用于自动浏览网页，抓取大量数据，如文本、图片和其他内容。虽然爬虫在数据分析、搜索引擎索引等领域有正当用途，但它们也可能被用于不当行为，如非法复制版权内容、自动发布垃圾信息、盗取用户数据或对网站进行拒绝服务攻击。反爬虫技术的目的是保护网站的数据安全，防止内容被非授权地抓取或滥用，同时确保网站的正常运行和用户体验不受影响。广义上来说，一切限制爬虫程序从服务器获取数据的方式都属于反爬虫，它对于网站所有者来说是保护信息和维护网站健康的重要工具。

1.1.2 反爬虫对信息的保护

在生活中，我们时常能够听到，某某公司因为客户数据泄露而遭受了严厉的惩罚，这充分说明了数据的重要性。对一个企业来说，数据就是企业存在的根本，例如做前景分析的企业，只有拥有大量的数据才能支撑该企业的发展。而现在，若是该企业的网站没有做任何防护措施，他们的数据和经过大量分析得到的结果，就会轻易地被爬虫获取，从而在产业发展中失去竞争优势。

再比如我们国家的一些机密信息，需要严格保护，普通人根本就查看不到，也不会让人从网络中爬取。若是这种信息都能够被他人轻易获取，那么以后谁还敢在网络上传播信息呢？若是没有反爬虫机制存在，个人的住址、家庭环境、存款等信息都将变得透明，使用某个网站所产生的数据都能够被别人轻易获取，造成严重影响。

从上述几个例子不难看出，反爬虫的存在是有必要的，它能够阻止爬虫从网站上获取数据，从而可以保护我们的数据信息，让其他人无法轻易获取我们想要保护的信息。

1.1.3 防止恶意竞争与知识产权侵犯

学习反爬虫技术的另一重要理由在于防止恶意竞争和保护知识产权。在当今高度竞争的商业环境中，一些企业为获取市场优势和竞争情报，可能会使用爬虫技术抓取竞争对手的敏感数据，如价格、产品信息等。这种恶意抓取行为不仅违反了公平竞争的原则，还可能导致市场的扭曲和混乱。学习反爬虫技术能够帮助企业在保护自身商业利益的同时，促进公平竞争的发展。

知识产权的保护也是反爬虫技术应用的一个重要方面。许多网站上包含独特的、具有创新性的内容，如文章、研究报告、图片、音频和视频等。这些内容往往是网站所有者的知识产权，而一些恶意爬虫可能被设计用于抓取这些内容，从而侵犯知识产权。通过学习反爬虫技术，我们能够加强对这些知识产权的保护，维护原创内容的合法权益，确保创作者和知识产权持有人得到应有的尊重和保护。

除了保护商业利益和知识产权，学习反爬虫技术还有助于建立更加公正的市场环境。恶意竞争和知识产权侵犯可能导致市场不规范，阻碍创新和产业的健康发展。通过学习并应用反爬虫技术，能够加强对这些不当竞争行为的打击，促进市场的公平竞争，为企业和创作者创造更有利的经营和创作环境。这样的努力有助于建设一个创新、公正和有序的商业环境，从而推动社会经济的可持续发展。

▶▶ 1.1.4　反爬虫对网站的维护

反爬虫技术不仅在保护数据信息方面发挥着重要作用，同时也对网站的正常运行和性能维护起到了关键的作用。在互联网时代，随着用户数量的不断增加，服务器资源的有限性成了一个挑战。反爬虫技术通过有效地识别和拦截爬虫，有力地降低了网站的负载，为网站提供了更加稳定和高效的服务。

一个服务器的性能是有限的，无法同时为全球所有用户提供服务。在高峰时期，如大型抢购活动、选课高峰等，服务器可能面临巨大的访问压力，导致性能下降甚至系统崩溃。以学校选课系统为例，通常在选课高峰期，服务器需要同时处理大量学生的访问请求，而这时如果再加上大量恶意爬虫的访问，将进一步加重服务器的负担，导致系统响应缓慢或崩溃。这种情况下，用户体验将受到明显影响。

反爬虫技术通过防止爬虫的非法访问，有效减轻了服务器的负载。它可以辨别正常用户和爬虫之间的差异，将恶意爬虫拦截在网站之外，只为真正的用户提供服务。这样一来，网站能够更好地应对高访问量的情况，确保在关键时刻仍能保持稳定运行。这种维护性的作用使得网站在日常运营中更加可靠，用户不会在正常访问过程中遇到因服务器过载而导致的问题。

▶▶ 1.1.5　爬虫与反爬虫的相爱相杀：反爬虫对抗爬虫

说了这么多，相信你能够明白反爬虫的作用了，其实从"反"字也能够看出，反爬虫就是与爬虫对抗。爬虫要来我们的网站上兴风作浪，而反爬虫就是阻止它来闹事的。这两种技术是立面的，谁也不让谁。每当出现一种新型的反爬虫手段，爬虫技术也会有相应的升级更新。当大量爬虫涌入市场，新的反爬虫手段也会随之而来，防止爬虫的入侵。

然而网站上的数据是面向客户公开的，网站想要其他人来浏览自己的数据信息。因此，从理论上来说，要想完全阻止爬虫是不太现实的。反爬虫只是通过提高爬虫的成本来避免被爬取数据。当反爬虫技术更多、性能更好时，爬虫爬取数据的成本也相应提高，从而导致付出的和得到的不匹配，所以爬虫也就不会到这个网站上来爬取数据了，通俗地讲，反爬虫技术就像是一道门禁，它并不是要完全阻止人们进入商店，而是要让那些真正有购物需求的人顺利进入，而让那些不合格或恶意的人成本更高，以减少他们的访问，从而保护商店的资源。在现在的爬虫与反爬虫博弈中，这两种技术大约维持在一种平衡状态。

1.2 什么样的爬虫会被反爬呢？

上面我们说到，网站无法完全避免爬虫，只要有人想，那么一定会用更优秀的爬虫技术来突破反爬虫技术，进入网站获取数据，反爬虫技术只是提高了爬虫的成本，让他人自己放弃爬取网站数据。那么，网站的反爬虫技术防的是什么呢？或者应该问，它到底阻止哪种爬虫进入网站？

▶▶ 1.2.1 "裸体"爬虫

在反爬虫防范中，首要需要注意的是"裸体"爬虫，这是一种缺乏任何修饰和对抗反爬虫技术的简单爬虫。它毫不掩饰地告诉目标网站："我是一个爬虫程序。"这种类型的爬虫通常是初学者编写的，因为在学习爬虫技术的过程中，他们往往选择编写简单的程序进行尝试。这种爬虫直截了当地请求目标网站的数据，不经过任何伪装或限制，从而给予网站的第一印象是缺乏对网站所有者权益的尊重。

新手编写"裸体"爬虫的目标往往很明确，他们渴望通过实际操作来掌握爬虫技术，但往往缺乏对爬虫伦理和合规性的了解。如果大量的新手爬虫不受到限制，它们可能对目标网站造成极大的压力，导致服务器负载过大，甚至影响网站的正常运行。为了防范这类爬虫，网站通常采取一系列措施，包括识别并封锁常见的爬虫请求特征、设置用户代理检测、引导到验证码页面等。这样的反爬虫技术不仅能够有效防止"裸体"爬虫的无节制访问，还能教育新手爬虫编写者遵循爬虫伦理和规范。

在学习爬虫技术的过程中，重要的是引导新手编写者了解合理爬虫行为，遵循网站规定，以及尊重网站所有者的权益。通过加强对新手爬虫的教育，可以有效减少"裸体"爬虫对网站的不良影响，促进更加良好的网络爬虫生态的建设。

▶▶ 1.2.2 "索取无度"的爬虫

第二类需要防范的爬虫是"索取无度"的爬虫。这类爬虫的特点在于，它们虽然具备一定的爬虫技术，能够有效地从网页中获取所需的数据，但其行为却显示出极端的贪婪，频繁而不合理地请求目标网站，持续占用对方服务器资源，对网站的正常运行构成了严重的威胁。

这种类型的爬虫无时无刻不在"索取"着对方的信息，毫无节制。持续的、高频率的访问不仅会对服务器造成巨大的负担，还可能导致对方网站的性能下降，甚至直接引发服务器崩溃。在特定情境下，比如大型促销活动、重要信息发布时，这种"索取无度"的爬虫可能会引发服务器过载，使网站无法正常提供服务，对用户造成极大的困扰。

为了有效防范这类爬虫，网站通常会采取一系列反爬虫措施。这包括设立访问频率限制、IP封锁、验证码验证等手段，以确保任何爬虫的访问都在可接受的范围内。通过这些手段，网站能够降低"索取无度"爬虫的访问频率，维护服务器的正常运行，提供更加稳定的在线服务。

在设计爬虫时，我们也要时刻牢记避免成为"索取无度"爬虫。合理控制爬取频率、尊重目标网站的规则，以及遵循 robots.txt 文件中的约定，都是保持爬虫行为合理性和可持续性的重要原则。通过谨慎设计和合理规划，可以避免因爬虫活动导致的对目标网站的不良影响，确保网络生态的健康和有序发展。

▶▶ 1.2.3 "不守规定"的爬虫

另一种需要防范的爬虫类型是"不守规定"的爬虫。这里的规定指的是网站根目录下的 robots.txt 文件，它是一种标准化的协议，用于指导网络爬虫在访问网站时应该遵循的行为规则。robots.txt 文件中包含了对爬虫的访问限制，明确了哪些页面可以被抓取，哪些页面不应该被抓取。

爬虫在访问网站时通常会首先查看 robots.txt 文件，以了解网站所有者对爬虫行为的规定。这是一种基于互惠原则的行为，网站所有者制定明确规则，爬虫则应当遵循这些规则，以维护双方的合作关系。

然而，一些爬虫可能不守规定，无视 robots.txt 文件的内容，直接抓取网站上的所有内容。这种行为被视为不道德，因为它违背了网站所有者的意愿。虽然 robots.txt 不是法律上的强制性规定，但不遵守它可能导致一系列问题。网站拥有者设置 robots.txt 的目的是维护其内容的有序传播，保护知识产权，以及合理分配服务器资源。因此，爬虫若是无视这一规定，可能对网站造成不必要的压力，影响其正常运行。反爬虫技术通过监测和识别这类不守规定的爬虫，可以采取相应的措施，包括封锁其 IP 地址、限制访问速度等，以确保网站所有者的权益得到保护。

在设计爬虫时，遵循 robots.txt 是一项基本的爬虫伦理，有助于建立爬虫与网站所有者之间的合作关系，同时避免潜在的法律风险和反爬虫措施。通过遵守规定，爬虫可以更好地融入网络生态系统，实现有序、合理的信息获取。

1.3 爬虫程序员的噩梦：多种多样的反爬虫机制

说了这么久的反爬虫技术，反爬虫技术究竟有哪些呢？我们已经知道爬虫就是写一个程序来访问网站。那么反爬虫又是怎样工作的呢？工作的原理是什么？为什么能够将爬虫识别出来？下面就来看看常见的反爬虫手段都有哪些，它们的工作原理又是什么。

1.3.1 基于 IP 反爬虫：封锁 IP

连接在网络上的每一台主机都拥有一个 IP 地址，这个 IP 地址能够唯一地标识网络中的计算机。当我们进行网站访问时，我们的 IP 地址就会随着请求网站的信息一起被传送到服务器，服务器会通过该 IP 地址将请求的数据发送给我们。

所以，服务器很容易知道是谁在请求数据，当一个 IP 地址的请求不符合常理时，服务器就会采取相应的措施来防止它访问。

那么怎样的请求不符合常理呢？例如，一个 IP 地址的请求速度非常快，在短时间内就对一个网站的多个数据发起了多次的请求，这是一个正常的人能够做到的事情吗？显然不是，只有通过特殊手段才能这么频繁地对多种数据发送多次请求，所以能够将这个 IP 地址的请求判断为不符合常理。

将爬虫程序识别出来之后，我们就可以将这个 IP 地址拉入黑名单，让它无法再继续访问网站、获取数据了。封锁方式有两种：一种是永久封禁，此后这个 IP 地址发起的请求都获取不到数据；第二种是短暂封锁，这种封锁只在一段时间内有效，过了一段时间，这个 IP 地址又能继续访问网站了。

还需要注意一点，若是 IP 地址被封锁了，不仅该主机的爬虫程序无法进入网站，而且当客户使用该主机通过正常方式访问网站时，也会被排除在外，无法进入网站。

1.3.2 基于 request headers 反爬虫：检查"身份证"

爬虫在对网站发送请求时，会将一个 request headers 信息发送给服务器，这个信息称为请求头。这个请求头中保存了这次请求所包含的各种信息，图 1-1 所示是发送到某网站的请求头。

:method: GET

:path: /st/pip/lyric/inject.js

:scheme: https

accept: */*

accept-encoding: gzip, deflate, br

accept-language: zh-CN,zh;q=0.9,en;q=0.8,en-GB;q=0.7,en-US;q=0.6

cookie: _iuqxldmzr_=32; _ntes_nnid=cec9c768e9b54e713fbd49dc5afa1d08,1642244157411; _ntes_nuid=cec9c768e9b54e713fbd49dc5afa1d08; NMTI
42244157870.01.0; WEVNSM=1.0.0; WM_NI=IYhvBKUI%2FZZ3Uk6FKuwJii8fZMG7oseE6IvuigpsI0UVU7OFYmJaBQxN2BgLoNyOIJLp3wZ9eeX9cOBNWZDS34h%2Bq
7ae2e6ffcda170e2e6eeb1ce489ab09db1e53fa19e8aa3c45f939b8baeaa7b9895a7adc452a688b6a5b12af0fea7c3b92a8b87a897c1419797e1bbd93997b5faa7c
4e9bb38682c15bbc92fea3e648ad92b7b0cc4290b0fd98d933a7bb98dae245829299bbc759f1eca8ccf47eb08db6cce948b8a78b82d5538b95fa89bc66ab899d88d
n1FRBVERFdq%2BHf3bRMfCyHj; JSESSIONID-WYYY=eg%2B0wVqVOcka63SdFgIZhQT5gsfRygYewBrArpevYF99RitvIg1q%2BEAsHU51elN0pphNV9g%2FhT6Acse0o7
OFrGgBbl7maeDfeVrxZZt%2FvbjozwPnWvtYh3b%3A1642252920896

referer: https://music.163.com/

sec-ch-ua: " Not;A Brand";v="99", "Microsoft Edge";v="97", "Chromium";v="97"

sec-ch-ua-mobile: ?0

sec-ch-ua-platform: "Windows"

sec-fetch-dest: script

sec-fetch-mode: no-cors

sec-fetch-site: same-origin

user-agent: Mozilla/5.0 (Windows NT 10.0; Win64; x64) AppleWebKit/537.36 (KHTML, like Gecko) Chrome/97.0.4692.71 Safari/537.36 Edg/97

● 图 1-1　request headers

例如，其中的 user-agent 字段包含了我们访问网站所使用的浏览器的信息；referer 字段包含了当前请求页面的来源页面的地址，即你是从哪一个页面里的链接请求了这个页面；cookie字段，有的网站要求访问者提供 cookie 信息，这一信息是服务器生成的，用来记录客户的状态。

所以服务器能够通过字段信息判断某一访问是否由一个爬虫程序生成。例如，若不修改 user-agent 信息，用 Python 写的爬虫程序进行访问的 user-agent 字段就会显示为 Python，这样就可以明显地识别出这是一个爬虫程序。

▶▶ 1.3.3　基于用户行为的反爬虫

基于用户行为反爬虫的方式，就是查看访问者的访问情况是否合理。若是在短时间内经过多次跳转到达目的网页，那么明显是不合理的，例如，某人从网站的初始页面经过一些点击访问后到达了目的页面，这一系列操作必然是需要花费一定时间的，而若是由人提前设计好的爬虫来模拟这一过程，花费的时间将会大大减少。再就是查看访问者的访问频率，若访问者在短时间内对网站发起非常多请求，超越了人类手速的极限，那么明显是不合理的。还有就是查看访问的合理性，若是网页还没加载完，访问者就点击链接访问下一个网页了，那么也是不合理的，图 1-2 所示是普通用户与爬虫向网站的请求示意图。

所以，一些违反人类常理的请求信息，都会被识别出来，被认为是爬虫程序，拒绝访问。

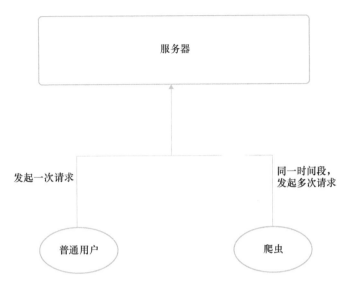

● 图 1-2 用户和爬虫访问的差异

▶▶ 1.3.4 动态页面的反爬虫

什么是动态页面呢？它与传统的静态页面是相对应的，静态页面上的信息不会发生太大的变化，内容基本上已经固定，若是想要修改其中的内容，只能修改源代码。而现在的动态网页与以前的静态页面不同，它的内容会随着时间的推移而更新，其构成有前端后端之分，数据主要存储在后端之中，当在后端修改数据时，前端显示的内容也会随之发生变化。在传统的静态页面中，刷新网页才会更新显示的数据，而现在的动态网页，即使不刷新网页，数据也会实时更新，而已显示的固定内容却保持不变。例如，某股票的价格会时刻处于变化中，而股票本身的名称、缩写等信息不会变化。

这种动态加载的数据，用寻常方式来爬取网页是获取不到的，它并不存在于网页的 HTML 源代码中，而是通过 AJAX 技术与网页结合的。

若是不会抓取动态加载的数据包，爬虫将无法获取数据。另外，JavaScript 文件的获取也是困难重重，需要先定位到需要爬取的 JavaScript 文件，然后对 JavaScript 文件进行请求访问。有时 JavaScript 文件中的重要信息会加密，破译之后才能得到需要的数据。

▶▶ 1.3.5 登录限制（cookie 限制）

进行登录限制的原因是有些网站只有在登录状态下才能够访问，比如有的网站只有在登录之后才能够执行其他的操作，图 1-3 所示是某网站登录界面。

● 图 1-3　登录访问

例如，若是想爬取小说网站中的小说信息，只有登录自己的账号后才能够显示书架中的信息。若是不携带任何登录信息就爬取信息，根本不可能获取数据。

面对这种反爬虫，可以使用上面提过的 cookie 信息来表示登录状态，因为 cookie 记录了用户的信息。在我们登录网站之后的一段时间内，再次进入该网站进行访问时，会发现不需要再输入用户密码，直接就处于登录状态，这就是 cookie 信息在起作用。所以我们可以通过修改 cookie 的值，使得自己处于登录状态来进行请求访问。

▶▶ 1.3.6　验证码限制

现在我们经常会遇见，当使用浏览器对网站进行正常的访问时，网站要求我们正确输入验证码，或将一个滑块拖动到正确位置等，只有正确地完成了这些操作，网站才允许我们进入。

例如，图 1-4 所示就是正常登录知乎时，网站要求用户将一个滑块拖动到图片中的缺失位置，完成之后才能真正进入网站。

这一机制的出现，也是为了应对爬虫技术。通常，有着这一机制的网站都比较难以爬取，普通技术很难通过这一关。因为破解这类技术时，还需要使用图片识别技术，正确地识别图片中的数字和字母，正确地判断出图片中的缺失部分，然后才能输入验证码或通过代码拖动滑块来进行验证登录，这就提高了爬取网站数据的难度，爬虫需要付出较大的成本，通常需要借助打码平台来辅助，再结合代码来突破。

● 图 1-4　登录验证

▶▶ 1.3.7　JavaScript 加密

为了不让数据泄露、流失，反爬虫者又想到了一个方法，那就是对一些关键信息进行伪装。即通过某些算法，使得某些参数或数据以乱码的形式呈现，将原本的数据藏起来，其他人只能看到一串乱码。其本质是对原始数据进行了加密，加密方法也是保护网站数据的主要方式之一。

通过前面的内容可以知道，有些数据并不会直接出现在网页源代码中，而是存储于服务器中，需通过 AJAX 技术对网站进行请求，从而将数据呈现在网页上，这样通过普通的请求无法获取这些数据。要想获取这些数据，就需要先找到这些数据所在的数据包，而 JavaScript 代码又对前端的 AJAX 请求的请求参数进行了加密。这样这些显示的参数看起来就像是一些乱码，看不出规律。若是向网页进行请求，需要使用这些信息才能正常访问，而普通爬虫若无法破解这些加密机制，就无法成功访问网站，因此能够防止爬虫访问。图 1-5 所示是某网站请求封装的参数。

一般加密的数据很难进行爬取，需要先经过大量的测试与分析，推断出它的加密方式，然后才能得出真正的信息，这样会消耗大量的精力和时间，达到了提高爬虫成本的目的，所以反爬虫的时候并不一定需要完全隔绝爬虫的爬取，通过提高爬取数据的难度，也可以让爬虫人员自己放弃对数据的爬取，即使其制作爬虫的成本过高，花费时间较多，而爬虫获取的利益却很少，相比之下利益亏损而放弃制作爬虫。

i: do

from: AUTO

to: AUTO

smartresult: dict

client: fanyideskweb

salt: 16461455339950

sign: db5d01c97d513f1e3a6337583577babc

lts: 1646145533995

bv: 2d35addbac4c495364cf10475964cdd9

doctype: json

version: 2.1

keyfrom: fanyi.web

action: FY_BY_REALT1ME

● 图 1-5　请求封装的参数

这也就告诉了我们防止爬虫的另一个方面，不是阻止爬虫进入网站爬取数据，而是让爬虫人员自己放弃。

▶▶ 1.3.8　文本混淆反爬虫：从根本上伪装信息

什么是文本混淆技术呢？顾名思义就是将文本变得混乱，让爬虫无法获取有用的数据。当用户正常访问网站时，这些数据显示正常，不会影响用户正常的阅读，而当爬虫程序进入后，看到的是混乱的或无法识别的信息。

文本混淆反爬虫通常有 3 种方式，分别是图片伪装、CSS 偏移和自定义字体。

图片伪装技术：该技术是将文字信息以图片的方式呈现给用户，即普通用户在浏览器上看到的文字或者数字等信息，其实是一张图片，而不是文本信息。这样爬虫在网页源代码里将找不到想要的文字，它们只能获取图片，而无法直接获取文字。这种混淆方式并不会影响用户的正常阅读，但是可以让爬虫程序无法获得"所见"的文字内容。这就是图片伪装反爬虫。

CSS 偏移技术：该技术应用了前端 CSS 技术，即通过修改 CSS 样式，来修改网页呈现的格式。该技术能够通过打乱文字的排版顺序使得网页源代码中的信息与浏览器上可以看到的信息不一致，从而达到反爬虫的效果。用户依然能够正常阅读这些信息，而爬虫爬取到的信息却是错误的、没有价值的。

自定义字体技术：自定义字体即网站自己定义的一种字体，普通用户不需要下载自定义字体，字体就能在页面上正常显示。大多数网站对一些重要的数据都会通过引入自定义字体的方式来填充。这种混淆方式也不会影响正常用户的阅读，只在网页源代码中出现乱码，进而达到反爬虫的效果。

1.4 本章小结

反爬虫技术是为了对付爬虫技术而产生的。在本章中，主要说明什么是反爬虫及反爬虫的功能和作用。反爬虫技术除了能对网站数据进行保护，还能维护网络性能，避免大量的爬虫占用太多的服务器资源，影响正常用户对网站的访问。

一般的反爬虫手段主要针对的是"裸体"爬虫、"索取无度"的爬虫以及"不守规定"的爬虫。"裸体"爬虫一般都是由爬虫初学者所写的爬虫，爬虫代码简单，不包含应对反爬虫技术的功能，但这种爬虫的数量太多，容易造成服务器性能下降，而这种爬虫很容易被识别、被阻拦。"索取无度"的爬虫会一直占用服务器资源，对网站极不友好，所以也是反爬虫技术重点防范的对象。对于爬虫程序来说，应避免一直执行，可以设置时间，间断执行。"不守规定"的爬虫是一种不良表现，网站拥有者设置 robots.txt 的目的是维护其内容的有序传播，保护知识产权，以及合理分配服务器资源。遵循 robots.txt 是一项基本的爬虫伦理，有助于建立爬虫与网站所有者之间的合作关系，同时避免潜在的法律风险和反爬虫措施。

随着这么多年爬虫与反爬虫技术的对抗，反爬虫技术已有极大的发展，出现了各种各样的方式来阻止爬虫获取数据。常见的有基于 IP 反爬虫、基于 request headers 反爬虫、基于用户行为的反爬虫、动态页面的反爬虫、限制登录、验证码限制、JavaScript 加密和文本混淆等方式。总的来说，可以通过检查网站请求所提交的信息和访问网站的行为来判断是否有爬虫程序在访问网页。

第2章

▷ ▷ ▷ ▷ ▷ ▷

抓包利器的使用

本章思维导图

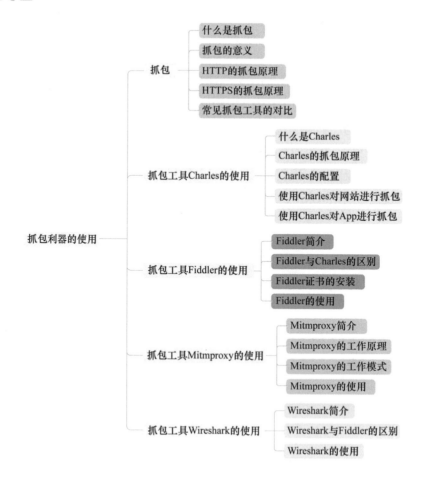

本章知识点：

- 抓包不仅可以获取网络数据，还能对网络数据进行修改，用于检测网络漏洞。
- 对 App 进行爬虫时必须使用抓包技术。
- 使用抓包软件时需先配置好该抓包软件的证书。
- 在对 App 进行抓包时，需配置手机的网络环境和抓包软件的网络环境在同一环境下。

抓包是一项重要的网络技术，特别在移动应用开发和网络安全领域具有关键意义。在对网站进行爬虫时，我们通常可以轻松地获取数据，因为网站的 URL 和结构通常是公开的，而且可以使用浏览器的开发者工具直接查看数据。然而，当涉及移动应用程序时，情况变得复杂许多。

移动应用程序的数据不像网站那样直接可见。我们无法像在浏览器中一样轻松地查看数据包，因为移动应用程序是在设备上运行的，没有直接暴露给我们的 URL。这就是抓包工具的价值所在。通过抓包工具，我们可以深入了解移动应用程序与服务器之间的通信，捕获数据包并分析它们的内容。

抓包不仅仅用于爬虫，它在以下方面也发挥着重要作用。

- 网络安全和漏洞检测：安全专家使用抓包工具来监视网络流量，检测潜在的漏洞和恶意活动。这有助于保护系统免受潜在的攻击。
- 性能优化：抓包工具可以用于分析应用程序的性能问题。通过检查数据包传输时间、响应时间和数据量等指标，可以识别并解决性能瓶颈。
- 用户接口问题分析：开发人员可以使用抓包工具来查找应用程序中的问题，例如无法加载数据或错误的 API 调用。这有助于改善用户体验。
- 协议分析：抓包工具允许深入了解应用程序使用的通信协议和数据格式，这对于与第三方服务集成和开发 API 非常有用。

总之，抓包工具是在移动应用程序开发、网络安全和性能优化等领域中不可或缺的工具，它们使我们能够深入了解网络通信并解决各种与数据传输相关的问题。在接下来的内容中，将详细地介绍抓包的原理和实际使用方法。

2.1 抓包

抓包是一种获取网络通信数据的技术，可以实现多个目的。比如：在测试功能方面，通过抓包可以查找隐藏字段，以了解网页或应用程序中可能存在的未公开的信息；在网络安全方面，抓包可用于检查数据的加密程度，以确定通信是否安全；而在处理 bug 时，抓包可以帮助分析是前端显示问题还是后端数据问题，从而快速找到错误的根本原因。抓包技术的应用范围广泛，它还可以提供有用的信息用于网络优化、安全审计以及应用程序调试等方面。下面我们就来了解一下抓包的具体含义。

▶▶ 2.1.1　什么是抓包？

当我们在浏览器输入网址进行访问时，实际上是向该网站的服务器发送一个访问请求，而后服务器将我们需要的数据发送到我们的计算机上，再由浏览器进行解析展示我们访问的数据。而这些数据通常不是一个整体，而是分为多个数据包，每个数据包都包含不同的内容，例如：音频数据为一个数据包，字符数据又在另一个数据包中。

而抓包就是将这些网络传输中发送和接收的数据包进行截获、重发、编辑、转存等操作。

▶▶ 2.1.2　抓包的意义

那么抓包究竟有什么意义呢？对于那些截获的数据包，我们抓来到底有什么用呢？

其实，抓包可以用于分析网络报文，定位网络接口问题。

例如，当你发送数据给后台，但后台没有收到时，可以对接口进行抓包分析，看是后台处理有问题，还是 App 没有将数据发出去，或是 App 发送数据格式有误；当页面渲染缓慢时，可以抓包看看接口响应时长，是不是后台出现性能问题。

抓包也可以用来检查网络安全问题，寻找网络漏洞。

例如：当计算机被其他计算机进行网络攻击时，我们可以通过抓包分析，查看网络攻击的来源，并拒绝接收该数据包；而当黑客利用抓包技术，将充值 1 元的数据包获取，将其中的充值金额修改为 1000 元，再将修改后的数据包发送给服务器，从而获利时，我们可以提前使用抓包技术检测是否存在该方面的漏洞，从而让技术人员修复，避免产生损失。

而在爬虫方面，抓包可用于对数据的获取。

例如：通过抓包技术，我们就可以对网络中传输的数据包进行截获，获取想要爬取的数据。尤其是对于移动 App 应用的数据爬取。因为在对网站进行爬虫时，我们可以轻易获取网站的 URL，甚至可以通过浏览器自带的开发者工具找到数据所在的 json 文件；而当我们面对手机 App 时，又应该怎么办呢？我们无法直接获取 App 数据的 URL 地址，这时就需要使用抓包工具进行抓包了，将 App 从服务器返回的数据包截获，从而获取想要爬取的内容。

对于前端而言，通常是抓取应用层的 HTTP 包与 HTTPS 包，接下来我们就来详细介绍一下

HTTP 抓包和 HTTPS 抓包。

▶▶ 2.1.3　HTTP 的抓包原理

当用户在浏览器中访问一个网站时，浏览器会发送一个 HTTP 请求给服务器。在这个过程中，抓包工具可以通过在用户的计算机上设置代理服务器来截获这个请求。代理服务器会将请求转发给目标服务器，并将服务器返回的响应发送给浏览器。同时，抓包工具会记录下发送和接收的数据包，分析其内容并展示给用户。

下面是 HTTP 的抓包原理。

1）设置代理服务器：在抓包工具中，需要设置一个代理服务器，让浏览器将所有的 HTTP 请求都发送到该代理服务器上。

2）拦截 HTTP 请求：当用户在浏览器中访问一个网站时，浏览器会将 HTTP 请求发送到代理服务器。代理服务器会拦截这个请求，并记录相关的信息，如请求的 URL、请求方法（GET、POST 等）、请求头部、请求体等。

3）转发 HTTP 请求：代理服务器会将拦截到的 HTTP 请求转发给目标服务器。这个过程中，代理服务器会维持与目标服务器的连接，并将请求中的数据包转发给目标服务器。

4）拦截 HTTP 响应：当目标服务器返回响应时，代理服务器会拦截响应数据包，并记录相关的信息，如响应状态码、响应头部、响应体等。

5）转发 HTTP 响应：代理服务器会将拦截到的 HTTP 响应转发给浏览器。这个过程中，代理服务器会维持与浏览器的连接，并将响应中的数据包转发给浏览器。

6）分析数据包：抓包工具会对拦截到的 HTTP 请求和响应数据包进行解析，以便用户能够查看和理解这些数据的含义。抓包工具通常提供了可视化界面，展示了请求和响应的详细信息，包括 URL、请求方法、请求头部、请求体、响应状态码、响应头部、响应体等。

▶▶ 2.1.4　HTTPS 的抓包原理

HTTPS 使用了 SSL/TLS 协议加密传输数据，抓包工具无法直接查看加密后的数据包内容。但是，抓包工具可以通过劫持浏览器与服务器之间的 SSL 握手过程来实现中间人攻击。值得注意的是，HTTPS 抓包属于一种安全攻击行为，需要在合法授权的情况下使用，以确保网络安全和用户隐私的保护。

下面是 HTTPS 抓包的详细步骤。

1）设置代理服务器。与 HTTP 抓包一样，需要在抓包工具中设置一个代理服务器，让浏览器将所有的 HTTPS 请求都发送到该代理服务器上。

2）拦截 SSL 握手过程。在 HTTPS 通信中，浏览器和服务器之间会进行一次 SSL/TLS 握手过程，用于建立加密通道。抓包工具会拦截这个过程，伪装成服务器与浏览器建立两个独立的 SSL 连接，同时与服务器和浏览器通信。

3）证书替换。抓包工具会使用自己的证书替换服务器的证书，并用服务器的证书替换浏览器的证书。这样，抓包工具就能够伪装成服务器与浏览器进行加密通信。

4）解密数据包。当浏览器向服务器发送 HTTPS 请求时，抓包工具会解密请求数据包，并将其转发给服务器。服务器返回响应时，抓包工具会解密响应数据包，并将其转发给浏览器。这样，抓包工具就能够获取 HTTPS 请求和响应的全部内容。

5）分析数据包。抓包工具会对解密后的 HTTPS 请求和响应数据包进行解析和分析，以便用户能够查看和理解这些数据的含义。抓包工具通常提供了可视化界面，展示了请求和响应的详细信息，包括 URL、请求方法、请求头部、请求体、响应状态码、响应头部、响应体等。

▶▶ 2.1.5　常见抓包工具的对比

在实际应用中，需要根据所面对的情况选择相应的抓包工具，以下是常见抓包工具的优缺点。

1. Charles

优点

跨平台支持：Charles 支持 Windows、macOS 和 Linux 等多个平台，用户可以根据自己的需要选择合适的操作系统。

易于配置和使用：Charles 提供了友好的界面和丰富的配置选项，用户可以方便地进行设置和使用。

支持 HTTPS 解密：Charles 能够对 HTTPS 的数据包进行解密和查看，有助于分析和调试加密通信。

缺点

功能相对有限：相比于其他抓包工具，Charles 在部分功能上相对有限，特别是在复杂的网络环境下可能无法满足要求。

2. Fiddler

优点

方便易用：Fiddler 提供了简单易懂的界面和操作方式，使得用户能够方便地进行抓包和调试工作。

易于扩展和自定义：Fiddler 支持自定义脚本和插件，可以通过编写脚本或安装插件来扩展和定制功能。

提供高级调试工具：Fiddler 提供了多种高级调试工具，如重发请求、自动填充表单等，方便进行调试和测试。

缺点

功能相对较为简单：相比于 Wireshark，Fiddler 的功能较为简单，适用于一些基本的抓包和调试需求，但在复杂的网络环境下可能无法满足要求。

仅支持 Windows 平台：Fiddler 目前只支持 Windows 操作系统，不支持其他操作系统。

3. Mitmproxy

优点

强大的功能：Mitmproxy 具有丰富的功能，能够捕获、修改和分析网络流量，帮助开发人员和安全专家进行调试和分析。

支持多种协议：它支持 HTTP、HTTPS、WebSocket 等多种协议的抓包和修改，适用范围广泛。

开源和免费：Mitmproxy 是开源的工具，任何人都可以免费使用和修改它，这使得它成为一个受欢迎的选择。

跨平台支持：它可以在多个操作系统上运行，包括 Windows、MacOS 和 Linux，方便用户在不同平台上使用。

可扩展性：Mitmproxy 可以通过插件扩展，用户可以根据需要自定义功能。

缺点

学习曲线较陡峭：对于初学者来说，Mitmproxy 的使用可能会有一定的学习曲线，特别是在配置和使用插件方面。

性能影响：在捕获和处理大量网络流量时，Mitmproxy 可能会对系统性能产生一定影响，特别是在资源有限的设备上。

需要 SSL 证书配置：对于 HTTPS 流量的抓包和修改，Mitmproxy 需要安装和信任自签名的 SSL 证书，这需要一些额外的配置步骤，可能对一些用户造成困扰。

不适合生产环境：Mitmproxy 通常用于开发和测试阶段，不建议在生产环境中使用，因为它的中间人攻击特性可能会引发安全问题。

4. Wireshark

优点

强大的分析功能：Wireshark 提供了丰富的协议解析和统计分析功能，能够对网络通信进行深入分析，并能够捕获和显示各种协议的数据包。

交互性强：Wireshark 提供直观的图形界面，用户可以方便地查看和分析捕获的数据包。

跨平台支持：Wireshark 支持多种操作系统，包括 Windows、macOS 和 Linux 等。

缺点

学习曲线较陡峭：Wireshark 是一个功能强大的工具，但由于其复杂的功能和设置选项，需要一定的学习和使用经验。

占用资源较多：Wireshark 需要大量的计算资源来进行数据包捕获和分析，对计算机性能有一定要求。

接下来学习一下如何使用这几款工具。

2.2 抓包工具 Charles 的使用

Charles 是一款强大的抓包工具，主要用于监测和调试网络通信。它可以截获并显示计算机与服务器之间的 HTTP/HTTPS 请求和响应数据。具体来说，Charles 可以截取网页浏览器、移动应用程序或其他网络客户端发送和接收的数据包，方便网络调试、分析和模拟。使用 Charles，用户可以查看 HTTP 和 HTTPS 请求的详细信息，包括请求头、请求体、响应头、响应体等。此外，它还支持请求和响应的重发、修改和篡改，方便接口测试和调试。同时，Charles 还提供了一些高级功能，如网络流量限制、断点调试、自定义映射规则等，可以帮助我们模拟各种网络环境和场景，从而更好地进行应用程序的开发和调试。下面我们将简要学习 Charles 的相关知识。

▶▶ 2.2.1 什么是 Charles?

Charles 基于 HTTP 代理服务器，当程序通过 Charles 的代理访问互联网时，Charles 可以监控这个程序发送和接收的所有数据，它允许开发者查看所有连接互联网的 HTTP 通信，包括 request、response 和 headers（包含 cookies 信息）。Charles 就如同房产中介一样，买家和卖家对于房屋的买卖都通过房产中介进行，而在网络中，客户和服务器交换的数据都需要通过 Charles 进行。

这样所有的数据包我们都能够通过 Charles 获取，从而对数据包进行查看、重发、编辑等操作。

▶▶ 2.2.2　Charles 的抓包原理

我们知道了 Charles 是一款抓包软件，也知道了抓包的作用和意义。这时我们还有个疑问，抓包工作到底是怎么进行的呢？为什么抓包工具可以抓取网络中的数据包呢？而且我们知道，网络中传输的数据都是有加密的，这样抓取过来的数据包岂不是毫无意义？

下面我们就通过分析 Charles 抓包的原理来回答上述问题。

Charles 是一款代理软件，当客户端向服务器发起 HTTP 请求时，Charles 首先会将客户端发送的 HTTP 请求拦截下来，然后代替客户端向服务器发送请求。

这时，服务器会向 Charles 发送双方通信的加密方式，因为这里 Charles 替代原本的客户端成了新的客户端。

这样，Charles 就成了客户端和服务器之间的代理，双方通信的数据都会流经 Charles，所以双方所有发送和接收的数据包都会被 Charles 获取，而又因为加密方式也是通过 Charles 传输的，所以通过 Charles 的数据也不会是加密过的数据，如图 2-1 所示。

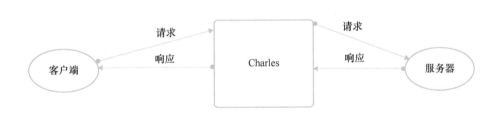

● 图 2-1　包含 Charles 的网络请求流程

▶▶ 2.2.3　Charles 的配置

使用 Charles 时，需要进行一些设置，Charles 才能抓取我们想要的信息。

首先，我们需要在顶部菜单栏中打开 help，再选择打开 SSL Proxying，最后单击 install Charles Root Certificate 下载我们需要的 Charles 证书，同时需要注意，这一证书需要存储到"受信任的根证书颁发机构"中。

下载这一证书是为了能够抓取 HTTPS 协议的数据，因为 Charles 默认只抓取 HTTP 的数据，只有下载这一证书到相应的受信任位置，Charles 才能抓取 HTTPS 协议的数据，如图 2-2 和图 2-3 所示。

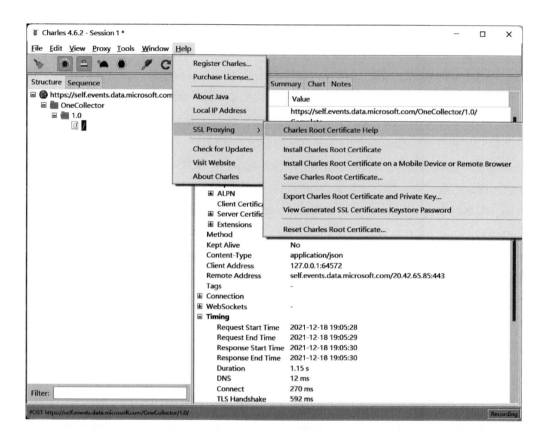

● 图 2-2 下载证书

● 图 2-3 存储证书

下载完证书后,在菜单栏中选择 Proxy,再选择 Proxy Settings,此时就弹出如图 2-4 所示界面,读者需要记住在这里设置的 Port 端口号(端口号可以修改,也可以不修改)。之后使用代理来抓取数据时,填写的代理信息会用到。

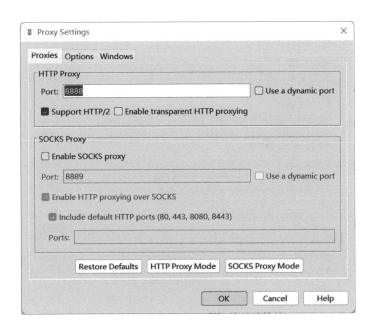

● 图 2-4　设置端口号

▶▶ 2.2.4　使用 Charles 对网站进行抓包

要想使用 Charles 工具对网站进行抓包,我们首先要在浏览器中下载 SwitchyOmega 插件,这是一款代理插件。通过这个插件进行代理,使用浏览器进行网站访问时,所有请求和响应都会被 Charles 抓取,完成抓包过程。

下载完成之后,新建情景模式。输入情景模式名称后,再填写自己主机的 IP 地址和 Charles 中的端口号,就可以成功创建一个 Charles 代理了,如图 2-5 和图 2-6 所示。

然后将浏览器设置为 Charles 情景模式,这样设置之后,通过浏览器发出的请求以及响应等信息都会被 Charles 抓包软件抓取,如图 2-7 所示。

新建情景模式 ✕

情景模式名称

情景模式名称不能为空。

请选择情景模式的类型:

◉ 🌐 代理服务器
经过代理服务器访问网站。

○ ⇄ 自动切换模式
根据多种条件,如域名或网址等自动选择情景模式。您也可以导入在线发布的切换规则
(如 AutoProxy 列表)以简化设置。

○ 📄 PAC情景模式
根据在线或本地的PAC脚本选择代理。

如果您没有任何PAC脚本,也没有脚本的网址,则不必使用此情景模式。不了解PAC的用
户不建议自行尝试编写脚本。

○ 🕶 虚情景模式
虚情景模式可以作为某个其他情景模式使用,并可以根据需要更改对象。一般用在自动切
换中,这样就可以一次性更改多个条件对应的代理。

[取消] [创建]

• 图 2-5　创建 Charles 代理

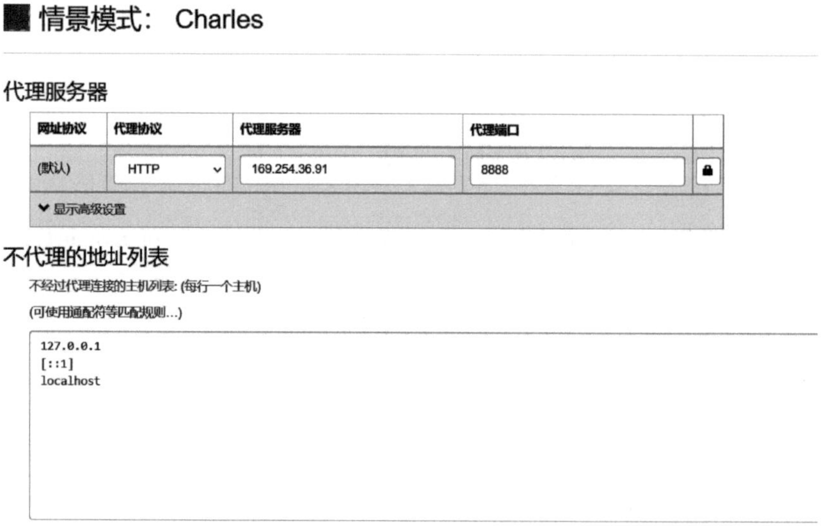

■ 情景模式： Charles

代理服务器

网址协议	代理协议	代理服务器	代理端口	
(默认)	HTTP ∨	169.254.36.91	8888	🔒
▼ 显示高级设置				

不代理的地址列表

不经过代理连接的主机列表: (每行一个主机)

(可使用通配符等匹配规则...)

```
127.0.0.1
[::1]
localhost
```

• 图 2-6　Charles 代理

● 图 2-7　浏览器设置为 Charles 情景模式

　　例如：我们设置为 Charles 情景下的代理后，使用该浏览器访问百度网站，Charles 的抓包栏中就会显示出抓到的包，其中就有百度网站的信息，如图 2-8 和图 2-9 所示。

● 图 2-8　Charles 抓到的百度网站

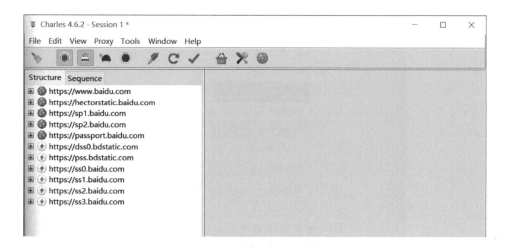

● 图 2-9　抓包结果

▶▶ 2.2.5　使用 Charles 对 App 进行抓包

在对手机 App 进行抓包之前，需要对手机进行一些设置，将手机与 Charles 联系起来，这样手机 App 访问时的数据才能被 Charles 抓取到。

打开之前安装的手机模拟器，打开 WiFi 设置，选择修改网络。再将代理模式改为手动，写入自己的主机 IP 地址和 Charles 的端口号，这样，手机和 Charles 就连接在一起了。我们在手机上访问 App 时，Charles 就能够抓取我们访问的数据，如图 2-10 和图 2-11 所示。

● 图 2-10　打开网络配置

● 图 2-11　配置代理必要信息

在对手机设置完代理之后，打开浏览器，输入 http://chls.pro/ssl 来安装 Charles 对应的证书（只有设置完代理之后才能下载该证书），以确保 Charles 能够从手机中抓取数据，如图 2-12 所示。

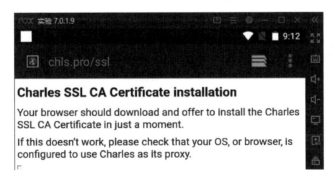

● 图 2-12　安装 Charles 证书

做完上述设置之后，就可以进行手机 App 抓包了。

打开豆果美食这个菜谱软件(自行下载)，Charles 立刻就抓取到了大量的数据包，如图 2-13 和图 2-14 所示。

● 图 2-13　豆果 App

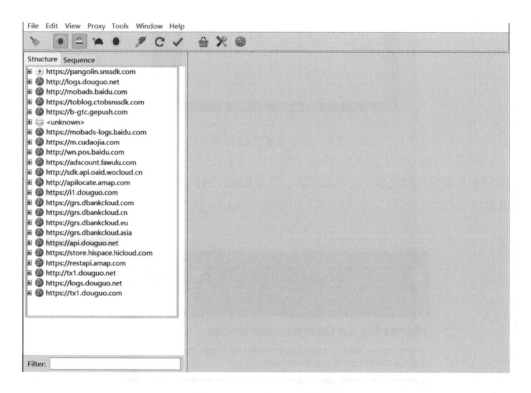

● 图 2-14　豆果 App 抓包结果

在 Filter 输入 douguo 可以过滤掉无关信息，得到 App 所对应的数据包，如图 2-15 所示。

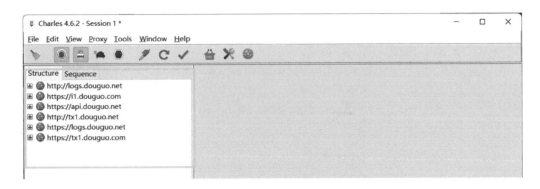

● 图 2-15　豆果 App 抓包具体结果

再来看看抓到的包中的内容。选择豆果美食中的一道菜谱，这里选择的是"超美味的油焖大虾"，再在 Charles 中找到相应的 json 数据包。将其中的数据通过 json.cn 网站解析后，就可以发现我们抓取得到的数据确实是菜谱的信息，说明我们已经成功使用 Charles 抓取到了 App 数据，如图 2-16~图 2-18 所示。

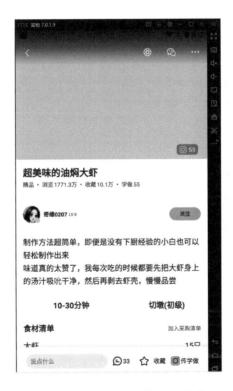

● 图 2-16　抓包所获取的信息

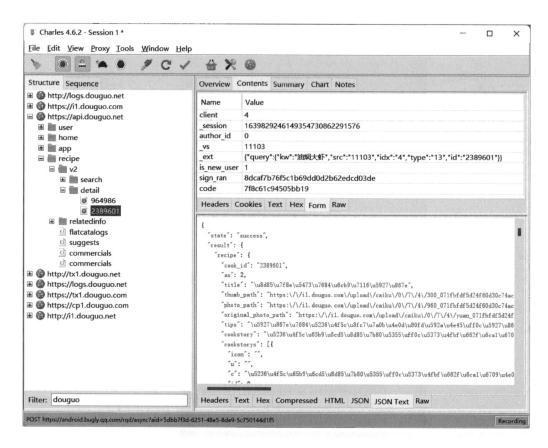

● 图 2-17 菜谱信息代码界面

```
"state":"success",
"result":⊟{
        "recipe":⊟{
                "cook_id":"2389601",
                "as":2,
                "title":"超美味的油焖大虾",
                "thumb_path":
https://i1.douguo.com/upload/caiku/0/7/4/300_071fbfdf5d24f60d30c74ac2255fe5b4.jpg",
                "photo_path":
https://i1.douguo.com/upload/caiku/0/7/4/960_071fbfdf5d24f60d30c74ac2255fe5b4.jpg",
                "original_photo_path":"
https://i1.douguo.com/upload/caiku/0/7/4/yuan_071fbfdf5d24f60d30c74ac2255fe5b4.jpg",
                "tips":"大虾的制作过程不能太久，大虾不能炖煮太久，否则大虾肉质发硬影响口感",
                "cookstory":"制作方法超简单，即便是没有下厨经验的小白也可以轻松制作出来
味道真的太赞了，我每次吃的时候都要先把大虾身上的汤汁吸吮干净，然后再剥去虾壳，慢慢品尝",
                "cookstorys":⊟[
                        ⊟{
                                "icon":"",
```

可点击key和va

● 图 2-18 菜谱信息代码

2.3 抓包工具 Fiddler 的使用

Fiddler 是一个用于网络调试和数据捕获的跨平台工具。它提供了一个代理服务器，可以捕获和分析传输的 HTTP、HTTPS、WebSocket 等网络协议的数据。通过 Fiddler，用户可以实时查看请求和响应的详细信息，包括头部、内容、cookie、缓存等，帮助开发者进行网络问题的排查和调试。Fiddler 还支持修改请求和响应数据，可以修改请求参数、修改返回内容，以模拟不同的网络环境、调试和测试代码的可靠性。此外，Fiddler 还提供了一些强大的功能和插件，如脚本编辑器、自定义规则、性能分析等，进一步增强了其灵活性和扩展性。

▶▶ 2.3.1 Fiddler 简介

Fiddler 与 Charles 相同，都是抓包软件，可以提供桌面端、移动端的抓包，HTTP 和 HTTPS 协议都可以捕获到报文并进行分析；可以设置断点调试、截取报文进行请求替换和数据篡改，也可以进行请求构造，还可以设置网络丢包和延迟，进行 App 弱网测试等，功能与 Charles 基本相同。

▶▶ 2.3.2 Fiddler 与 Charles 的区别

Fiddler 与 Charles 最大的区别就是使用平台不同，Fiddler 只能在 Windows 系统下使用，而 Charles 适用于各个系统，不仅可以在 Windows 系统下使用，还可以在 MacOS、Linux 系统下使用；其次，它们的断点调试功能也不相同。Fiddler 提供了相对灵活的断点调试功能，可以进行暂停、修改、重新发送请求等功能，而 Charles 在这方面相对简单，仅提供了网络请求前暂停。二者支持的协议也不尽相同。Fiddler 支持 HTTP、HTTPS、WebSocket 和 HTTP/2 等协议，而 Charles 不仅支持它们，还支持 SCOCKS 代理和 Reverse Proxy 等更多功能。

总而言之，Fiddler 在 Windows 平台上使用较为广泛，功能强大且易于扩展，而 Charles 则在多个平台上都有很好的支持，并且在 HTTPS 解密方面表现更好。

▶▶ 2.3.3 Fiddler 证书的安装

首先打开 Fiddler，选中左上角任务栏中的 Tools 选项，再单击 Options，如图 2-19 所示。
然后在弹出的任务框中选中 HTTPS 选项，勾选其中的 Decrypt HTTPS traffic，如图 2-20 所示。

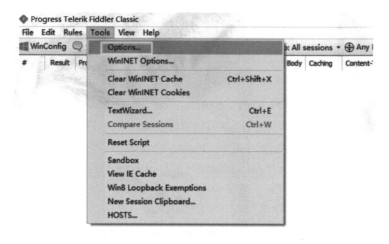

● 图 2-19　配置页面

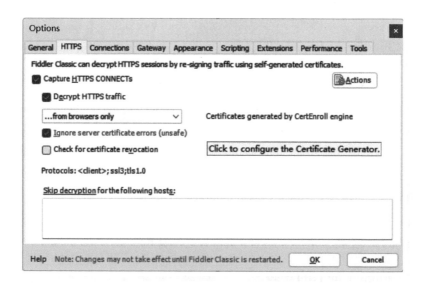

● 图 2-20　配置 Decrypt HTTPS traffic

最后单击 HTTPS 栏中右上角的 Actions 按钮，选择第二个选项 Export Root Certificate to Desktop，之后单击 OK 按钮就完成了 Fiddler 的配置工作，如图 2-21 所示。

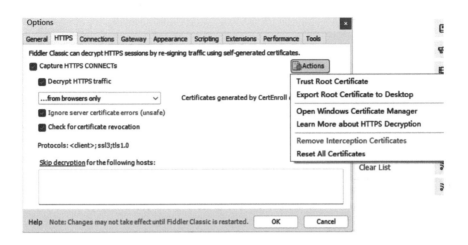

● 图 2-21　配置 Export Root Certificate to Desktop

▶▶ 2.3.4　Fiddler 的使用

在对网站进行数据抓包时，直接打开 Fiddler 就可以开始抓包了，不需要特别设置浏览器的代理模式。

直接使用浏览器访问百度，图 2-22 所示是百度首页截图。

● 图 2-22　百度首页

Fiddler 能够直接抓取服务器传输给客户端的数据包，如图 2-23 所示。

使用 Fiddler 对 App 进行抓包时，与 Charles 一样，需要先设置手机的代理模式，使手机端和 Fiddler 处于同一网络环境下，才能进行抓包，之后工作就与 Charles 基本相同，不再赘述。

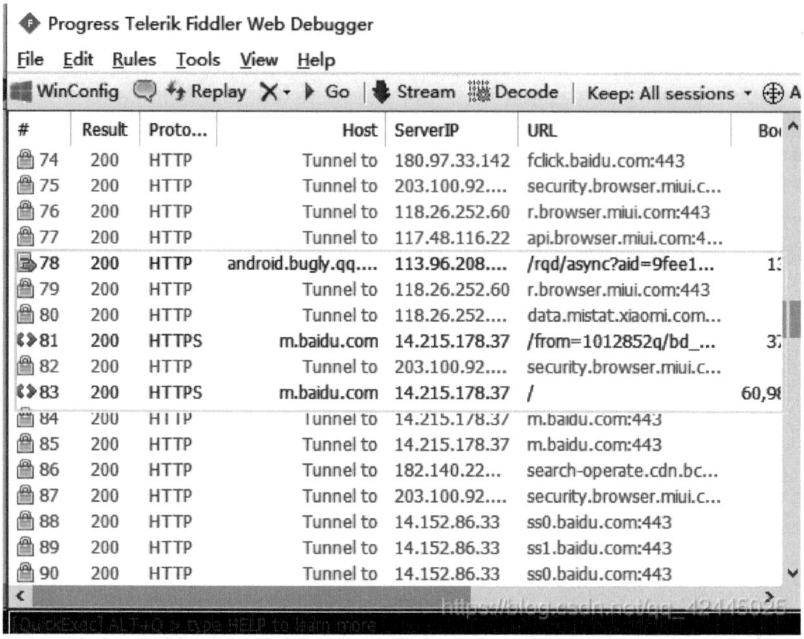

● 图 2-23　使用 Fiddler 抓包

2.4　抓包工具 Mitmproxy 的使用

Mitmproxy 是一个开源的中间人代理工具，用于拦截、修改和审查 HTTP、HTTPS 和 WebSocket 流量。它允许开发人员在客户端和服务器之间进行中间人攻击，以便监视、分析和修改网络通信。作为可以直接用 Python 运行的软件，它可以用于各种用途，包括安全测试、网络调试、脚本编写和逆向工程等。它提供了一个强大的控制台界面和 Python API，使用户能够实时查看、修改和重放网络请求，并对响应进行分析和处理。通过 Mitmproxy，用户可以轻松地拦截和修改网络请求和响应，包括修改请求头、请求体、响应头和响应体。还可以使用自定义的脚本进行自动化操作，如自动填充表单、修改返回数据等。此外，Mitmproxy 还具有一些高级功能，如 SSL 解密、HTTP/2 支持、WebSocket 拦截等。它可以跨平台运行，并且有一个活跃的社区支持，提供了丰富的插件和扩展功能，可以满足各种需求。接下来，我们将详细介绍 Mitmproxy。

▶▶ 2.4.1　Mitmproxy 简介

Mitmproxy 是一款抓包工具，用于调试、测试、隐私测量和渗透测试。但与 Charles 和 Fiddler 不同的是，Mitmproxy 通过控制台的形式进行操作。更重要的是，Mitmproxy 是基于 Python 开发的，可以通过 Python 代码对请求和响应进行自定义过滤和修改，可以在 Python 代码中直接处理数据包。

▶▶ 2.4.2　Mitmproxy 的工作原理

首先，Mitmproxy 可以进行中间人攻击：Mitmproxy 使用中间人攻击的原理来拦截网络流量。它在客户端和服务器之间插入自己作为代理服务器的身份，使得所有的数据流量都通过它进行转发。

其次，Mitmproxy 可以进行 SSL 证书劫持：当使用 HTTPS 协议时，Mitmproxy 会生成自己的 SSL 证书，并发送给客户端。客户端会相信这个证书，因为它被 MITM 代理作为 CA（Certificate Authority）签署。这样，Mitmproxy 就可以解密和查看加密的 HTTPS 流量。

然后，它还可以进行高级流量分析：Mitmproxy 能够对网络流量进行拦截和分析。它可以捕获 HTTP 和 HTTPS 请求和响应，并显示详细的请求和响应头、正文、cookie、状态码等信息。通过这些信息，它可以提供实时的网络流量监控和分析。

最后，Mitmproxy 可以对参数进行修改和篡改：Mitmproxy 允许用户修改请求和响应的内容。用户可以修改请求参数、替换响应内容、添加或删除请求头等。这对于测试和调试网络应用程序非常有用。

总结起来，Mitmproxy 的原理是通过中间人攻击和 SSL 证书劫持来拦截和查看网络流量，并提供流量分析、修改和篡改的功能。它是一个强大的工具，可以帮助开发人员、安全研究人员和网络管理员进行网络流量的监控、测试和调试工作。

▶▶ 2.4.3　Mitmproxy 的工作模式

Mitmproxy 有三种工作模式，分别是 mitmproxy、mitmdump 和 mitmweb。

mitmproxy 工作模式下，提供一个可交互的命令行界面，用户可以通过输入命令行的方式控制抓包过程（该工作模式在 Windows 系统下无法使用）。

mitmdump 工作模式下，只提供一个简单的终端输出，将拦截的数据包输出给用户。

mitmweb 工作模式下，将提供一个浏览器界面抓包模式。在这个模式下，使用方法与 Charles 和 Fiddler 类似。

▶▶ 2.4.4　Mitmproxy 的使用

第一步：安装 Mitmproxy。

在命令行中输入 pip install mitmproxy。安装完工具 Mitmproxy 之后，可以在命令行中输入命令 mitmdump --version 检测是否安装成功。

若出现图 2-24 所示信息则说明安装成功。

第二步：设置代理。

同使用 Charles 时一样，需要先设置代理，Mitmproxy 才能使代理设备读取传输的数据包。这里也是使用插件 SwitchyOmega 进行代理，如图 2-25 所示。

● 图 2-24　成功安装示意图

● 图 2-25　设置代理

第三步：启动 Mitmproxy 代理浏览器，并下载证书。

输入命令 mitmdump 启动 Mitmproxy，这时 Mitmproxy 就正式进入工作状态。监听着 8080 端口传输的数据，如图 2-26 所示。

● 图 2-26　启动 Mitmproxy

之后，再启动浏览器，将浏览器设置为 Mitmproxy 代理模式，如图 2-27 所示。

然后访问网站 http://mitm.it/，就可以下载证书了。结合自己计算机的系统，选择证书进行下载。同 Charles 和 Fiddler 一样，需要将证书安装到"受信任的根证书颁发机构"中，如图 2-28 所示。

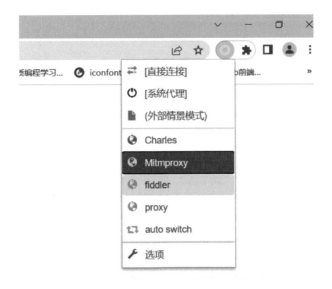

● 图 2-27　浏览器设置为 Mitmproxy 代理模式

● 图 2-28　将证书安装到"受信任的根证书颁发机构"中

第四步：开始抓包。

完成上述步骤，就可以抓包了。首先还是输入命令 mitmdump 启动 Mitmproxy，然后打开设置好代理的浏览器。

我们直接访问网站 CSDN，然后回到命令行界面，就会发现浏览器和服务器传输的数据都会出现在命令行中，说明抓包成功，如图 2-29 和图 2-30 所示。

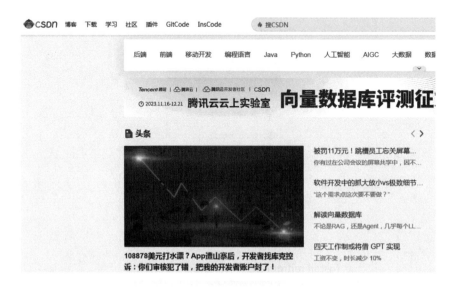

● 图 2-29　CSDN 网站

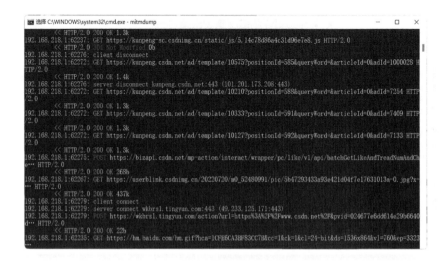

● 图 2-30　成功抓包

第五步：使用 mitmweb 抓包。

在第四步中，我们已经成功抓包了。但是还有一个问题，我们会发现使用 mitmdump 方式抓包，命令行中只会输出数据包简单的信息，而数据包更加详细的信息我们就无法查看了。这时，需要使用 mitmweb 方式启动 Mitmproxy。

在命令行中输入命令 mitmweb 启动 Mitmproxy，如图 2-31 所示。

```
C:\Users\墙>mitmweb
Web server listening at http://127.0.0.1:8081/
Proxy server listening at *:8080
192.168.218.1:62512: client connect
192.168.218.1:62512: server connect accounts.google.com:443 (172.217.160.77:443)
192.168.218.1:62515: client connect
192.168.218.1:62515: server connect content-autofill.googleapis.com:443 (172.217.160.74:443)
192.168.218.1:62515: Server TLS handshake failed. connection closed
192.168.218.1:62515: Unable to establish TLS connection with server (connection closed). Trying to establish TLS with client anyway.
```

● 图 2-31　mitmweb 命令启动 Mitmproxy

命令执行成功之后，浏览器就会自动打开一个 Web 界面的抓包工具，如图 2-32 所示。

● 图 2-32　抓包工具的 Web 界面

新建一个浏览器窗口，还是访问网站 CSDN。这时，数据包就会被 Mitmproxy 抓取，展示在 Web 界面中，如图 2-33 所示。

再选中一个数据包，数据包详细的信息也会在右方展示出来，而不是像 mitmdump 一样只输出左边的数据，如图 2-34 所示。

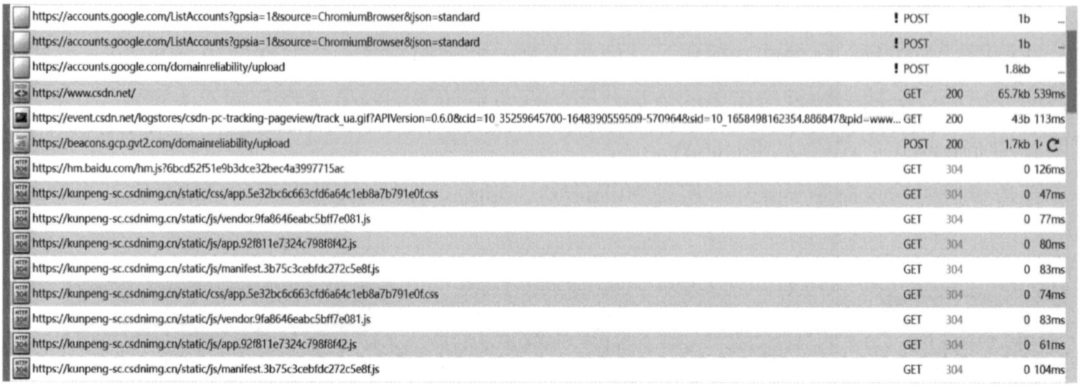

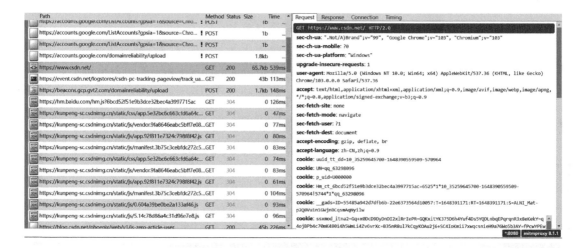

● 图 2-33　抓包列表

● 图 2-34　抓包数据展示

此外，mitmweb 方式下，也有多种对数据流进行处理的功能，这些功能与 Charles 和 Fiddler 的功能类似，如图 2-35 和图 2-36 所示。

● 图 2-35　Flow 页面展示

● 图 2-36　Start 页面展示

2.5　抓包工具 Wireshark 的使用

Wireshark 是一个开源的网络封包分析工具，它可以实时捕获和分析网络数据包。作为一个强大的网络协议分析器，Wireshark 能够解析并展示从网络中捕获的数据包的详细信息。它支持多种网络协议，包括 TCP/IP、UDP、HTTP、DNS 等。Wireshark 提供了一个直观的图形用户界面，使用户可以查看捕获的数据包的详细信息、过滤数据包、进行操作和分析，并以不同的方式展示数据，如表格、图表和统计信息等。Wireshark 在网络故障排查、网络安全分析、网络性能优化等方面有着广泛的应用。

▶▶ 2.5.1　Wireshark 简介

Wireshark 是一个非常流行的抓包工具，可以用来捕获和分析网络数据包。与大部分抓包工具相似，Wireshark 能够解码并显示从网络中捕获的数据包的详细信息，包括协议头、数据内容等。同时，它支持多种网络协议，包括 Ethernet、TCP/IP、HTTP、DNS 等常见协议，可以帮助用户进行网络故障排查、网络安全分析、网络性能优化等任务。Wireshark 界面直观易用，同时提供了强大的过滤和搜索功能，使用户能够快速找到关注的数据包。

▶▶ 2.5.2　Wireshark 与 Fiddler 的区别

首先是功能不同。Wireshark 主要用于网络数据包的捕获和分析，提供底层的数据包解析和统计功能。它可以捕获网络流量并对其进行详细分析，包括协议解析、端口/主机识别、数据统计等。Fiddler 则主要用于 HTTP/HTTPS 的抓包与分析，可以查看网页请求和响应的详细信息，并提供了一些高级的调试和修改功能。

然后是使用场景不同。Wireshark 适用于网络管理、网络安全分析等领域，可以帮助诊断和解决网络问题，广泛用于分析网络协议、发现网络性能问题、检测和阻止网络攻击等。Fiddler 则主要用于开发和调试 Web 应用程序，可以用来查看和修改 HTTP 请求和响应，分析 Web 页面的性能问题，以及进行接口调试和模拟等。

最后是界面和易用性不同。Wireshark 提供了一个强大的分析引擎和灵活的用户界面，但对于初学者来说，有一定的学习曲线。Fiddler 则提供了更直观和易用的界面，功能也相对较为简单明了。

值得注意的是，Wireshark 可以获取 HTTP 与 HTTPS，但不能对 HTTPS 进行解密，因此，如果处理 HTTP 与 HTTPS 依旧建议运用 Fiddler，而其他协议，如 TCDP，UDP 等，则建议用 Wireshark。

▶▶ 2.5.3　Wireshark 的使用

Wireshark 的使用步骤如下。

1）到 Wireshark 官网（https://wireshark.org）下载相应的安装包并安装。安装好后打开软件，界面如图 2-37 所示。

● 图 2-37　Wireshark 界面

2）设置需要捕获的网络适配器，选择菜单栏上的 Capture，然后再选择 Option 进行网络适配器的选择，之后勾选相应的 WLAN 网卡，这一步要根据用户所使用的网卡情况进行选择，最后单击 Start 按钮，启动抓包，如图 2-38 和图 2-39 所示。

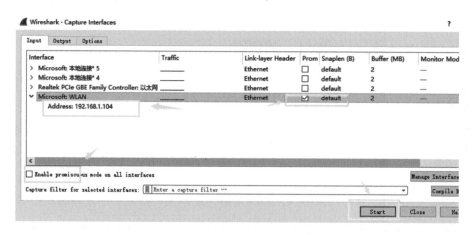

● 图 2-38　配置所抓捕的网络

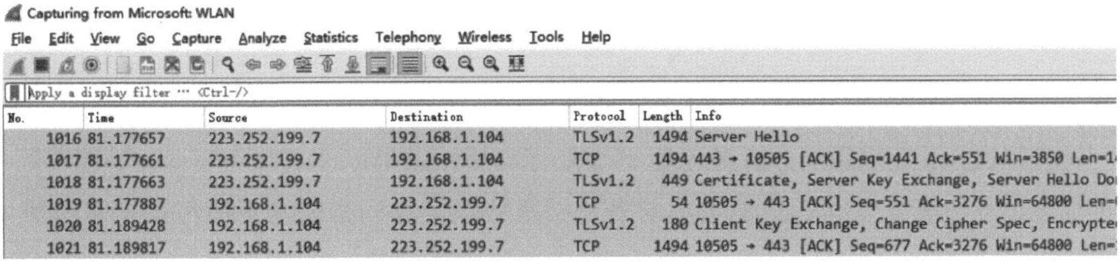

● 图 2-39　启动抓包

3）可以随意 ping 一个网站，查看 Wireshark 是否能抓捕其数据包。这里以访问百度网站为例，先进入命令行，然后输入并执行命令 ping www.baidu.com，查看软件是否将其捕获，如图 2-40 所示。

● 图 2-40　ping 百度

图 2-41 是软件成功捕获数据包并通过在过滤栏设置过滤条件进行数据包列表过滤后的结果。由于网络的交互太多，会捕获其他数据包导致影响分析，所以进行过滤。

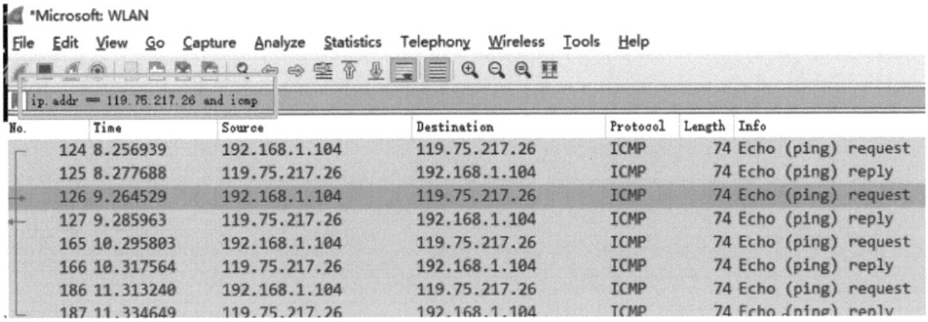

● 图 2-41　抓包展示

2.6 本章小结

抓包是程序员必备的一门技术，它可以对网络传输中发送和接收的数据包进行截获、重发、编辑、转存等操作，还能用于分析网络接口问题，分析网络漏洞，保护网络安全。熟练掌握一个常用的抓包工具，能够让我们更加了解网络及网络协议，我们也能利用抓包技术来分析网络问题。

而爬虫人员更离不开抓包技术，虽然在对网站进行爬虫操作时可能很少用到抓包技术，但在进行 App 抓包时，就完全离不开抓包技术了。并且 App 爬虫是现在爬虫方向的主流，所以，爬虫人员都应该熟练使用一个抓包软件。

信息校验型反爬虫

本章思维导图

本章知识点：

- user-agent 包含了浏览器类型及版本、操作系统及版本、浏览器内核等信息。服务器能根据这些信息提供不同的网页服务。
- cookie 记录了用户的基本信息，用户的登录状态就是通过这一机制实现的，让人们不需要在网站重复输入账号和密码来登录。
- Referer 则记录了用户在网站上的跳转情况，让服务器知道用户是从哪里来的。
- 签名验证利用了加密机制来生成特殊字符串，这是由 JavaScript 代码自动实现的，破解签名需要先找到对应的 JavaScript 代码。

在反爬虫机制中，有一种检验爬虫的机制称为信息校验型反爬虫。它的原理是**通过审核用户在访问网站时提交的一些数据**，来判断用户是不是爬虫。

正常用户在使用浏览器访问网站时，一些访问的参数都是由浏览器自动封装好了的，所以不再需要用户特别关心这些访问时提交的数据有哪些，这些数据又是怎样生成的。但是当我们学习爬虫和反爬虫时，就需要认真学习一下这些请求中需要特别关心的参数了，因为这些参数关系着是否能够通过爬虫程序来对网站进行访问，或者利用这些参数的特性对发送来的请求中的参数进行校验，以阻止爬虫进行访问。

最常见的信息校验方法就是校验 request headers 中的参数信息，因为在对网站发送访问请求时，都会携带这个请求头信息段。请求头中的信息由关键字和值组成，它向服务器提供了一些客户端的信息，以验证用户的基本信息。就比如一个人出国时，需要携带好相关的证件，以证明他的身份，如果证件有问题，就会在检验处被拦下来，不让他出国。而 request headers 的作用也和这里的证件一样，以验证该用户是能够正常进入网站，还是会被阻拦下来。

图 3-1 所示就是访问网站时的一个 request headers 信息段。

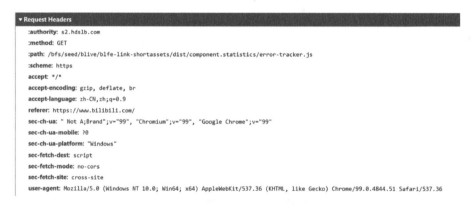

• 图 3-1　request headers

而在 request headers 中，最常被检验的数据就是 user-agent、cookie 和 Referer，还有一种校验信息是通过加密机制生成的签名。接下来让我们了解一下信息反爬的原理，以及如何通过 user-agent、cookie、Referer、加密签名等参数实现反爬。

3.1　信息校验反爬虫概述

信息校验是一种常用于防止爬虫程序获取和篡改网站数据的反爬手段，下面介绍其反爬的工作原理及常见类型。

3.1.1 信息校验反爬虫的原理

信息校验反爬虫是一种用于防止爬虫程序获取和篡改网站数据的技术手段。它通过在网页中插入特定的信息或者校验码，要求用户进行验证，以确保其为真实用户而不是机器人。这种反爬虫机制可以有效地保护网站数据的安全性和完整性。

信息校验反爬虫的工作原理通常基于以下几个方面。

- 用户行为分析：反爬虫系统会分析用户的行为模式，例如点击速度、浏览顺序等，以识别是否为自动化脚本。
- 访问频率和速度：自动化工具通常会以非常快的速度进行数据请求，反爬虫系统会检测请求的频率和速度，如果超过正常用户的标准，系统会判定为爬虫。
- IP 地址检查：如果来自同一 IP 地址的请求过多，系统会怀疑这是爬虫行为，并可能对该 IP 地址进行限制或封禁。
- CAPTCHA 验证：图形验证码或文字验证码是常见的反爬虫手段，因为自动化工具难以识别和输入验证码。
- HTTP 头信息：反爬虫系统会检查 HTTP 请求头的各项信息，如 user-agent、Referer，如果发现异常或伪造的信息，则可能将请求标记为爬虫。

信息校验型反爬虫能够有效地防止大规模机器人程序的访问，保护自己的数据和服务不受滥用，提高网站的安全性。

3.1.2 信息校验反爬虫的常见类型

信息校验型反爬虫有多种实现方式和技术手段。下面将列举几种常见的信息校验反爬虫。

- 图片验证码：网站通过生成一张包含随机字符或数字的图片，要求用户正确识别并输入。这种方式能够有效地区分机器人和真实用户，因为机器人往往难以正确解析和识别图片中的内容。
- 短信验证码：用户在访问网站时会收到一条包含随机数字或字符的短信，在网页中要求用户输入该验证码进行验证。这种方式要求用户同时具备手机号码，增加了一定的验证复杂度。
- 邮箱验证码：类似于短信验证码，用户在访问网站时会收到一封电子邮件，其中包含了一个随机生成的验证码，用户需要将验证码输入到网页中进行验证。
- 滑动拼图验证码：在网页中显示一个带有缺口的拼图，用户需要通过拖动滑块将缺口对齐，以完成验证。这种方式可以防止机器人程序简单地填写固定的验证码文本。

- 问题回答验证码：在网页中提供一个简单的问题，例如"1+1 等于几？"，用户需要正确回答问题才能通过验证。这种方式不仅可以应对图像验证码难以辨认的情况，还能提供给视觉障碍用户使用。

3.2 user-agent 反爬虫

user-agent 反爬虫的原理是通过检查客户端发送的 HTTP 请求头中的 user-agent 字段来识别请求的来源。user-agent 字段包含了客户端的用户代理信息，通常用于标识请求的设备或应用程序。在反爬虫方面，网站服务器利用这个字段来辨别请求是否来自爬虫程序或自动化脚本。当网站服务器收到一个请求时，它会首先检查请求头中的 user-agent 字段。如果 user-agent 字段中包含了已知的爬虫程序的标识符或特定字符串，服务器会将请求标记为爬虫请求。根据网站的策略，这种标记可能导致请求被拒绝、被限制访问，或者采取其他反爬虫措施。user-agent 反爬虫的目的是识别和阻止爬虫程序对网站的非法或不当访问，以维护网站的正常运行和资源的合理分配。

▶▶ 3.2.1 什么是 UA?

UA 是 user-agent 的简称。首先我们看一下 user-agent 这个参数：user-agent：Mozilla/5.0（Windows NT 10.0；Win64；x64）AppleWebKit/537.36（KHTML, like Gecko）Chrome/99.0.4844.51 Safari/537.36。UA 是一个特殊的字符串，从其中的 Windows、x64、Chrome 等字符可以看出，这个参数应该包含了计算机操作系统和浏览器的一些基本信息。

所以，UA 是一种向访问网站提供你所使用的**浏览器类型及版本、操作系统及版本、浏览器内核等信息**的标识。通过这个标识，用户所访问的网站可以显示不同的排版，从而为用户提供更好的体验或者进行信息统计。例如，通过其中的浏览器标识和操作系统标识，**访问的网站就可以根据这些标识的不同呈现不同的页面**，不同浏览器的布局、组件排列方式不同，因而网站呈现的样式也有细微不同，而给我们感官最大不同的就是台式机和手机的不同了，同一网站，在手机端和桌面端就存在很大的区别。

图 3-2 是我们在桌面端访问 CSDN 网站的呈现页面，符合我们使用台式机或笔记本式计算机时喜欢看到的页面的特性。

图 3-3 是在手机端访问 CSDN 时呈现的页面。由于手机和电脑差距很大，不可能在手机端也呈现电脑端那样的页面，否则用户的体验感会大大下降，所以呈现的页面符合我们使用手机的特性。

● 图 3-2　桌面端页面

● 图 3-3　手机页面

▶▶ 3.2.2 UA 的改变方法

了解了什么是 UA，现在来看一看 UA 在爬虫中的作用。

接下来我们将对下面这一网站(见图 3-4)进行访问，了解 UA 在爬虫中的作用。

● 图 3-4　豆瓣电影

1. 普通访问方式

代码：

```
import requests
url = "https://movie.douban.com/top250"
resp = requests.get(url=url,headers=headers)
print(resp)
```

结果返回响应码 418，说明请求失败。

```
<Response [418]>
```

我们再加一行代码 print(resp.request.headers)，查看不设置 UA 访问网站时的 UA 值是什么。

结果返回的 UA 显示是 Python 请求。说明不设置 UA 时，使用 Python 访问网站时默认的 UA 是 Python 请求字符串。这也说明了，我们在请求时就直接告诉了网站服务器，这是一个 Python 写的爬虫程序。

<Response $[418]$ **>**
{'User- Agent':" python-requests/2. 26. 日', ' Accept-Encoding": ' gzip, deflate', " Ac-
cept':' * / *', " Connection': ' keep-alive '}

2. 设置 UA 进行爬虫

代码：

```
import requests
url = "https://movie.douban.com/top250"
headers = {
    "User-Agent": "Mozilla/5.0 (Windows NT 10.0; Win64; x64)
    AppleWebKit/537.36 (KHTML, like Gecko) Chrome/94.0.4606.81
    Safari/537.36"
    }
resp = requests.get(url=url,headers=headers)
print(resp)
print(resp.request.headers)
```

结果返回的响应码为 200，说明访问网站成功，而访问时提交的 UA 就是我们自己设置
的 UA。

<Response $[200]$ **>**
{"User-Agent": "Mozilla/5.0 (Windows NT 10.0; Win64; x64) AppleWebKit/537.36 (KHTML,
like Gecko) Chrome/94.0.4606.81 Safari/537.36" }

这也说明可以通过代码来修改 UA 属性，使访问时提交的 UA 就是我们自己设置的 UA，来骗
过服务器对 UA 字段的校验。

3.3 cookie 反爬虫

cookie 是一种用于在 Web 浏览器与服务器之间传递信息的机制。它是由服务器在 HTTP 响应
中通过 Set-Cookie 头部发送给浏览器的一小段文本信息，浏览器会在后续的 HTTP 请求中通过
cookie 头部将这些信息再发送回服务器。cookie 通常用于跟踪和识别用户，在用户访问网站时保
存一些用户相关的信息，以便实现个性化设置、用户登录状态的保持、购物车功能等，如果爬虫
程序没有有效的 cookie，其请求可能被拒绝或受到限制，如果服务器检测到异常的请求频率或者
与合法用户行为不符的请求，它也可以采取措施限制或拒绝这些请求，从而实现反爬。存储在
cookie 中的信息是明文的，因此需要注意隐私安全问题。为了增强安全性，一般会对保存在
cookie 中的敏感信息加密或使用 HTTPS 协议传输以保护数据的安全性。我们可以通过在 HTTP 响

应头部设置 Set-Cookie 字段来创建和修改 cookie，浏览器会自动将 cookie 保存并在后续的请求中发送回服务器。在后端处理请求时，可以通过读取请求头部中的 cookie 字段来获取之前设置的 cookie 值，并进行相应的处理。而在开发过程中，可以利用 cookie 来实现登录认证、记住用户偏好、实现购物车等功能，并借助相关的技术和安全策略来确保 cookie 的合理使用和保护用户隐私。要想详细了解 cookie，还需要知道 HTTP 机制，以及与 cookie 相辅相成的 Session。接下来让我们具体了解一下 HTTP 机制、cookie 的作用以及 Session 和 cookie 的关系吧。

▶▶ 3.3.1　HTTP 机制

当我们对一个网页进行访问时，其实可以将 Web 看成是一条路，路的这一端是我们使用的机器（PC 或手机等）也就是客户端，而路的另一端就是我们常说的服务器。

当我们在浏览器中输入 www.baidu.com 后，我们的客户端就生成了一个请求，请求服务器给我们这个链接相应的数据。此后，这一请求就顺着这一条路前往服务器，然后得到我们需要的数据回到客户端，再将结果显示到我们的客户端上。简单的流程如图 3-5 所示。

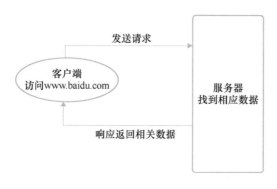

• 图 3-5　请求方式

上面所说的访问流程看着十分简单，这其实是简化后只留下基本逻辑的结果。真实的网页访问其实是非常复杂的，并不像我们平常使用浏览器那样简单，这里面涉及非常多的协议，并涉及网络中多个层次的分工合作。这里简单说一下其中的 HTTP。

HTTP 全称为超文本传输协议（HyperText Transfer Protocol）。这是基于网络需要传输除了传统上的文本信息之外，还要传输图片、音频、视频等信息，还要实现基于链接进行跳转而形成的协议，是我们通过浏览器对网页进行访问的一个基本协议。

HTTP 是具有**无状态性**这一特点的，即我们输入的链接是什么，服务器就返回这一链接所代表的数据，不会理会我们当前的客户机处于什么状态。例如：我们知道在斗鱼观看直播时，若是处于登录状态就能够享受更高的画质。当我们在一个已登录的斗鱼直播界面观看直播时，**通过**

页面中的一个链接跳转到另一个直播界面，我们在这个页面的登录信息不会被服务器知道，返回的依旧是一个需要重新登录才能享受更高画质的界面。这使得我们每次打开新界面时，都需要重新登录来享受更高的画质体验，这无疑增大了网页访问的难度，降低了上网体验。并且，若是下一个网页的访问需要我们前面访问的信息，就需要把前面的信息也一起传送过去，这无疑增加了网络传输的开销，对网页的运营商来说也是不友好的。

▶▶ 3.3.2 cookie 的作用

上面说到，由于网络使用的 HTTP，我们每次进入网页时，都需要重新登录。但我们实际使用浏览器对需要登录的网站进行访问时，却只需要登录一次，在这个网页中访问新的网页，就不再需要重新登录，而自动处于登录状态了。甚至我们关掉计算机后，开机重新访问这个网页，也不再需要重新登录，这是为什么呢？

这是由于现在的网络中有了 cookie 机制。正是由于 HTTP 是一种无状态协议，不知道这次访问者是谁，所以服务器就如同柜台服务员一样，由于每天前来的客户太多了，根本不可能全部记住，所以将每次到来的客户都当作一个新用户来对待。但我们又希望被当作老客户来对待，以获得更加优质的服务，所以 cookie 诞生了，它用来**记录我们访问时的一些必要信息**，例如我们登录的用户信息。同时，**cookie 也具有时效性**，过一段时间 cookie 就失效了，需要重新获得。这也是为什么每过一段时间网页就不再自动登录了，而是要求我们重新输入账号密码进行登录。

当我们第一次访问网页时，我们是没有 cookie 的，但是**通过这一次的访问，服务器就会给我们分配一个 cookie，cookie 会随着给我们的网页数据一起回到我们的客户端，我们的浏览器也就会将这一 cookie 储存起来**。在我们进行下一次访问时，浏览器就会将 cookie 这一信息也传送到服务器，这样服务器也就知道我们是老客户了，我们在这个网站做过的事情它都知道了，展现给我们的也就是我们熟悉的界面了(例如一些个性化的设置等)，如图 3-6 和图 3-7 所示。

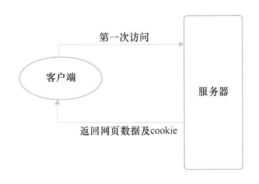

● 图 3-6 第一次访问

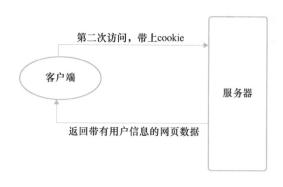

● 图 3-7　第二次访问

▶▶ 3.3.3　session 和 cookie 的关系

除了前面的 cookie，其实还需要 session 机制来协助，才能让服务器把我们当作老客户来对待。

通过前面的 cookie 机制，我们知道了 cookie 中记录了我们的一些用户信息，可以识别我们是哪一个用户，但服务器怎么知道我们的网页状态是怎么样的呢？怎么知道我们具体是哪一个用户呢？这就是 session 在起作用。session 用于记录用户访问网站的状态，我们可以**将 cookie 理解成一张身份证，session 是一家网吧计算机中记录的信息**，我们带着 cookie 这一身份识别信物来到网吧(服务器)，网吧就可以通过我们的身份证在 session 中查找到我们相应的 session 数据，就能知道我们在这家网吧的消费历史、账户中所剩余额等个人信息。

所以 session 就是我们的用户档案，我们的信息都储存在其中，服务器通过我们传来的 cookie，就能够在知道我们具体是哪一个用户，为我们提供特别的服务，如图 3-8 所示。

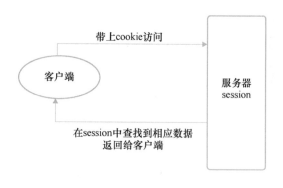

● 图 3-8　session 机制

现在读者知道了，session 是基于 cookie 实现的。若没有 cookie 机制，只有 session 机制，服务器怎么确保我们究竟是哪一个用户呢？所以没有 cookie 机制，session 也将不存在。

3.4 Referer 反爬虫

Referer 是 HTTP 请求头部的一个字段，用于指示当前请求的来源地址。当浏览器发起一个 HTTP 请求时，会在请求头部中包含 Referer 字段，告诉服务器该请求是从哪个页面跳转过来的。Referer 字段的主要作用是帮助网站统计和分析访问来源，以及实现一些安全策略。例如，可以通过 Referer 字段判断用户是从哪个页面链接过来的，进而可以进行相应的数据统计和分析。通过这些手段，可以判断一些请求是否来自爬虫，限制其爬取数据，从而实现反爬。此外，一些网站可能会使用 Referer 字段来实现防盗链功能，即只允许特定来源页面访问某些资源，防止资源被其他站点盗链。然而，Referer 字段并不是必需的，有些浏览器或用户可能会禁用或修改 Referer。因此，我们在使用 Referer 字段时，应该谨慎处理，不要完全依赖 Referer 来进行权限判断和安全控制，而是结合其他安全机制来提高系统的安全性。另外，Referer 字段可能会包含敏感信息，例如包含用户个人信息或表明用户访问了某个特定页面的信息。为了保护用户隐私，我们应该遵守隐私保护原则，在处理和记录 Referer 信息时，要注意避免泄露用户敏感信息。

▶▶ 3.4.1 Referer 的意义

什么是 Referer 呢？Referer 也是 request headers 中的一个参数，**它的作用就是告诉服务器，我是通过哪一个网页来访问现在这个网页的**。例如，当我们使用百度搜索引擎搜索豆瓣电影时，豆瓣电影的 request headers 中的 Referer 参数就会显示为百度的网址，表明我们访问豆瓣电影这个网站是通过百度网站跳转过来的，如图 3-9 所示。

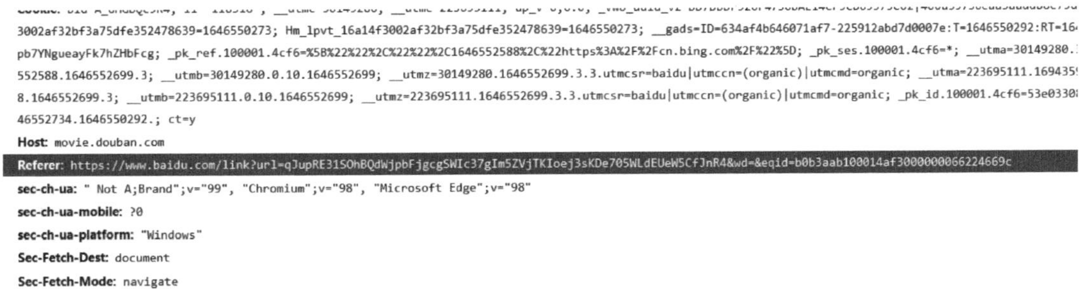

3002af32bf3a75dfe352478639=1646550273; Hm_lpvt_16a14f3002af32bf3a75dfe352478639=1646550273; __gads=ID=634af4b646071af7-225912abd7d007e:T=1646550292:RT=16
pb7YNgueayFk7hZHbFcg; _pk_ref.100001.4cf6=%5B%22%22%2C%22%22%2C1646552588%2C%22https%3A%2F%2Fcn.bing.com%2F%22%5D; _pk_ses.100001.4cf6=*; __utma=30149280.1
552588.1646552699.3; __utmb=30149280.0.10.1646552699; __utmz=30149280.1646552699.3.3.utmcsr=baidu|utmccn=(organic)|utmcmd=organic; __utma=223695111.169435!
8.1646552699.3; __utmb=223695111.0.10.1646552699; __utmz=223695111.1646552699.3.3.utmcsr=baidu|utmccn=(organic)|utmcmd=organic; _pk_id.100001.4cf6=53e0330!
46552734.1646550292.; ct=y

Host: movie.douban.com
Referer: https://www.baidu.com/link?url=qJupRE315OhBQdWjpbFjgcgSWIc37gIm5ZVjTKIoej3sKDe705WLdEUeW5CfJnR4&wd=&eqid=b0b3aab100014af3000000066224669c
sec-ch-ua: " Not A;Brand";v="99", "Chromium";v="98", "Microsoft Edge";v="98"
sec-ch-ua-mobile: ?0
sec-ch-ua-platform: "Windows"
Sec-Fetch-Dest: document
Sec-Fetch-Mode: navigate

● 图 3-9　Referer

而我们若是直接在浏览器上方直接输入该网站的地址，在请求头中就没有 Referer 这个参数。因为我们是直接访问的该网站，没有通过其他网站进行跳转，所以请求头中自然没有这个字段的信息，如图 3-10 和图 3-11 所示。

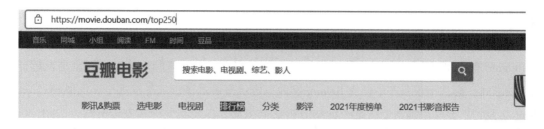

● 图 3-10　直接访问的方式

```
pb7AhgaCuyrK7HZHbrcg; __utmz=30149280.1646332099.3.3.utmcsr=baidu|utmccn=(organic)|utmcmd=organic
=y; _pk_ref.100001.4cf6=%5B%22%22%2C%22%22%2C1646554779%2C%22https%3A%2F%2Fcn.bing.com%2F%22%5D;
00001.4cf6=*; __utma=30149280.338315191.1646550189.1646552699.1646554779.4; __utmb=30149280.0.10.
=223695111.0.10.1646554779
Host: movie.douban.com
sec-ch-ua: " Not A;Brand";v="99", "Chromium";v="98", "Microsoft Edge";v="98"
sec-ch-ua-mobile: ?0
sec-ch-ua-platform: "Windows"
Sec-Fetch-Dest: document
Sec-Fetch-Mode: navigate
```

● 图 3-11　无 Referer 参数

由于这样一个机制，**Referer 可以当防盗链使用**。例如某一网站，网站中的内容若是想要防止外来人访问，就可以校验 Referer 参数。若参数的值是本网站的地址，则说明该用户是正常访问网站内容的；若参数的值不是本网站的地址，则说明用户不是通过本网站进行访问的，而是想通过其他途径来获取网站内容，就可以拒绝该用户的访问。这样就可以防止外来人员访问网站内容。

▶▶ 3.4.2　Referer 的破解方法

知道了 Referer 的作用，就知道爬虫有时候就可能遇到这种情况：某网站的内容只有通过该网站进行访问才能获取。这时我们该怎么处理 Referer 参数呢？

其实 Referer 参数和 UA 的设置相同，只需在 Headers 字典中加入 Referer 字段并设置其值就行。

代码：

```
import requests
url = "https://movie.douban.com/top250"
headers = {
    "User-Agent": "Mozilla/5.0 (Windows NT 10.0; Win64; x64)
    AppleWebKit/537.36 (KHTML, like Gecko) Chrome/94.0.4606.81
    Safari/537.36", "Referer": "www.baidu.com"
    }
resp = requests.get(url=url,headers=headers)
print(resp)
print(resp.request.headers)
```

结果：

Referer 字段的信息已经被修改，如图 3-12 所示。

Connection' : 'keep-alive', ' Referer': ' www. baidu.com' }

● 图 3-12　伪造结果

所以，我们可以在 Headers 字典中加入 Referer 字段并设置它的值来设置 Referer 参数，从而伪造我们是通过 Referer 网站来访问目标网站这一信息。

3.5　签名验证反爬虫

签名验证也是反爬虫技术中一种较为有效的手段。下面介绍其工作原理及如何将其破解。

▶▶ 3.5.1　签名验证的原理

签名是一个根据数据进行计算或者加密的过程，用户经过签名后**会有一个具有一致性和唯一性的字符串**，这个字符串就是你访问服务器的身份象征。由它的一致性和唯一性这两种特性，服务器可以对这个字符串进行校验，这样就能够根据签名的正确性来判断是否是爬虫程序。

签名验证反爬虫有多种实现方式，但是实现原理都是相同的，都是由客户端生成一些随机值和不可逆的 MD5 加密字符串，在发起请求的同时，将这些值一同发送到服务器端。然后服务器端使用相同的方式对随机值进行计算和 MD5 加密，如果**服务器端得到的 MD5 值与前端提交的 MD5 值**相等，说明请求是正常的，否则该请求可能是一个爬虫程序发出的。

加密这个内容不是这一章节的内容，在之后会有一章重点说明加密的原理及加密的多种方法。

▶▶ 3.5.2 签名验证的破解

我们来看一下有道翻译网站，看看它的签名验证是怎样的，我们应该如何破解，如图 3-13 所示。

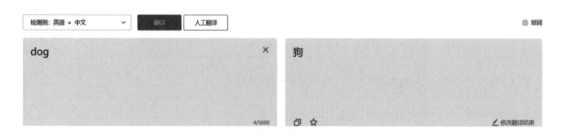

● 图 3-13 翻译网站破解

通过网页抓包，获取 post 请求的表单数据，发现其中有 sign 字段。这就是一个签名验证。我们接下来就将破解这个字段的内容，如图 3-14 所示。

● 图 3-14 签名参数

思路：

通过搜索找到**包含 sign 字段的 JavaScript 文件**（见图 3-15）。

在 JavaScript 文件中找到**关于 sign 的加密代码**（见图 3-16）。

通过分析加密代码，我们可以知道，我们需要先获取时间戳 r，再获取一个 0 到 9 的随机数，并将随机数加在时间戳 r 后得到 i，最后结合需要翻译的单词和 i，再通过 MD5 加密，就能够获得 sign 字段的值了。

● 图 3-15　JavaScript 文件

```
8375         n(this).parent().find(".select-text").text(r),
8376         n(this).parent().find(".select-input").val(e)
8377     }
8378 }),
8379 define("newweb/common/service", ["./utils", "./md5", "./jquery-1.7"], function(e, t) {
8380     var n = e("./jquery-1.7");
8381     e("./utils");
8382     e("./md5");
8383     var r = function(e) {
8384         var t = n.md5(navigator.appVersion)
8385             , r = "" + (new Date).getTime()
8386             , i = r + parseInt(10 * Math.random(), 10);
8387         return {
8388             ts: r,
8389             bv: t,
8390             salt: i,
8391             sign: n.md5("fanyideskweb" + e + i + "Ygy_4c=r#e#4EX^NUGUc5")
8392         }
8393     };
8394     t.recordUpdate = function(e) {
8395         var t = e.i
8396             , i = r(t);
8397         n.ajax({
8398             type: "POST",
8399             contentType: "application/x-www-form-urlencoded; charset=UTF-8",
```

● 图 3-16　相关代码

再分析代码可知，r 即是 lts 字段，i 是 salt 字段。这两个字段也是请求时需要使用的字段。

代码实现：

```python
import hashlib
import time
import random
def get_md5(value):
    md5 = hashlib.md5()
    md5.update(value.encode('utf-8'))
    return md5.hexdigest()
word = "dog"
lts = str(round(time.time() * 1000))
salt = lts+str(random.randint(0,10))
sign = get_md5("fanyideskweb"+word+salt+"Ygy_4c=r#e#4EX^NUGUc5")
print(lts)
print(salt)
print(sign)
```

结果：

得到了 lts、salt、sign 的值（见图 3-17）。

16465610222971
646561022297922
4e5f262eb63f36f030e5704710dd86

● 图 3-17　lts、salt、sign 值

虽然这里的结果与上面截图中的结果不同，但这是因为时间戳随时在变化，时间戳后一位数字也是随机获取的，所以这些字段的值也是随时变化的。但这些字段是有联系的，salt 比 lts 多一位，且除去那一位之后，salt 与 lts 相同。sign 又是由 salt 得到的。所以这里校验的不止 sign 一个值，salt 和 lts 都需要进行校验，并且它们之间存在联系。

3.6　本章小结

信息校验反爬虫就是检验用户向网站发送的请求数据，最常进行检验的就是 request headers 中的字段信息，如 user-agent、cookie、Referer 字段。

user-agent 字段包含你所使用的浏览器类型及版本、操作系统及版本、浏览器内核等信息，通过这些信息，服务器就能提供更好的服务；cookie 记录了用户的一些基本信息，例如账号和密码，这样下次访问网站时，就不需要重复输入密码了，通过 cookie 机制的作用，就能实现快速登录了。同时 cookie 机制的存在也离不开 session 的作用，session 位于服务器，存储了用户的信息，因而 cookie 才能起到识别用户的作用。Referer 用来记录用户是从哪一个网站访问当前网站，这常常当作防盗链使用，若用户不是在当前网站中来访问该网站中的数据，那么网站就拒绝用户的访问。

还有一种校验方式是签名验证，这种方式使用了加密机制，生成了一个特别的字符串，然后就能通过校验字符串来判断是不是一个爬虫程序。

验证码识别

本章思维导图

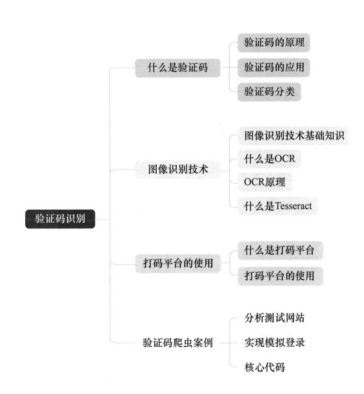

本章知识点:

- 验证码是一种能够自动区分计算机和人类用户的公开图灵测试。
- 验证码有多种类型,如字符验证、图像验证、音频验证等。
- OCR 是光学字符识别技术,而 Tesseract 是 OCR 中常用的库。
- 打码平台可以为我们提供图像识别技术,处理验证码问题。

不知大家在登录账号被要求输入验证码时,是否注意过验证码的意义?为什么会有验证码这种东西?登录账号不是只需要提供账号及其密码就行了吗?验证码的出现无疑降低了用户的体验,与网络为用户提供优质服务的理念相悖。

验证码的出现确实对用户体验产生了一定程度的影响,但它在网络安全和防止恶意行为方面具有重要作用。以下是验证码存在的主要原因。

- 安全性:验证码是一种用于验证用户身份的方式。它确保只有合法的用户能够访问敏感信息或执行特定操作,如登录账户或完成注册。这有助于防止未经授权的访问和账户盗用。
- 防止自动化攻击:自动化程序(例如爬虫、恶意脚本和机器人)可以大规模尝试登录或提交表单,以进行滥用、垃圾邮件、诈骗等操作。验证码可以有效地阻止这些自动化攻击。
- 数据保护:某些操作可能需要用户提供敏感信息,例如密码重置或支付确认。验证码可确保只有用户本人可以完成这些操作,以减少数据泄露的风险。
- 反滥用:验证码可以用于限制用户在一定时间内的某些操作次数,以防止滥用或过度使用服务。

大家现在应该知道为什么会有验证码这种东西了,它的出现就是为了防止自动化程序,也就是我们写的爬虫程序。验证码的出现虽然降低了用户的体验,但能够在很大程度上限制自动化程序访问网站。所以现在很多网站都使用了验证码识别技术,以保护自己的网站资源。

但作为爬虫的一方,我们应该怎么破解这一技术,自由进出网站呢?下面就来看一看吧。

4.1 什么是验证码?

验证码(CAPTCHA, Completely Automated Public Turing test to tell Computers and Humans Apart)是一种用于区分计算机程序和人类用户的测试或机制。它的主要目的是确认用户是真实的

人类而不是自动化脚本或机器人。知道了什么是验证码及其目的，接下来了解一下它的原理、应用、类型等知识，只有充分了解了这些知识，才能更好地解决与突破验证码的限制。

▶▶ 4.1.1 验证码原理

验证码，是一种**能够自动区分计算机和人类用户的公开图灵测试**。它通过随机产生一串数字或字符，或是一张图片来检测请求者是否为人类。它的生成是随机的，测评也不会由人工干预，人类很容易通过，但计算机程序却几乎不能通过这个验证。当一个验证码生成时，同时也会生成一个 session，其值就是验证码的结果，只有用户输入的结果与 session 中的值相同时，才能进入系统访问数据。

▶▶ 4.1.2 验证码的应用

随着验证码的出现，现在越来越多的地方都在使用验证码。在网站安全方面，它防止程序进行垃圾注册滥用资源，防止恶意登录和账号盗用，为用户的账号安全提供保障；在数据安全方面，验证码作为阻挡数据爬取、防止数据被破坏的一道屏障起了重要作用；在运营安全方面，它阻碍恶意刷单现象，防止虚假秒杀、虚假评论，保障投票结果的真实性；在交易安全方面，它阻挡虚假交易、恶意套现、盗卡支付等行为，为交易支付保驾护航。

▶▶ 4.1.3 验证码分类

随着验证码的发展，验证码的技术也在发生飞跃的变化。以前是一眼就能够看清的字符类型，但是现在通过将字符进行扭曲，数字和字符进行混搭，添加干扰背景，使得验证码变得特别复杂，即使是真人操作，也不一定能够一次性就通过这个验证码验证。除了传统的字符验证码之外，而后又出现了图片验证码、声音验证码等技术，使得破解验证码实现自动化程序变得更加复杂。最后还有短信验证方式，使得自动化程序变得几乎不可能。

1. 简单的字符验证码

图 4-1 所示就是一个十分简单的验证码，字符内容清晰可见，能够轻易识别出字符内容，一般都不容易出错，但也更容易被程序破解。

2. 复杂的字符验证码

图 4-2 所示就是难度提升的验证码识别技术，字符开始倾斜，有条纹遮挡字符，并且还有背景来影响，使得验证码变得更加复杂，真人依旧能够轻松辨别出其中的字符，而使用程序来自动破解验证码，获取其中的字符，则需要花费很大的代价。

如果该验证码进一步复杂化，字符更加扭曲，背景噪点增多，干扰条纹也增多，使得真人也需要仔细观察才能识别出其中的字符，那么破解该验证码的难度就会成指数增长。

● 图 4-1　简单字符验证

● 图 4-2　复杂字符验证

3. 图片验证码类型 1

图片验证码的出现，颠覆了传统的验证码方式，为验证码提供了新的验证方式思路。图 4-3 所示图形验证码，就只是要求将最左边的图块滑动到正确的位置，这样的验证方式，使得真人通过验证码的方式变得简单，照顾了数字或字母识别能力较差的人。但破解这一验证码付出的成本更大，而获取的信息价值又不是很高，增加了成本，降低了利润，从而增加了网站的安全性。

● 图 4-3　图片验证 1

4. 图片验证码类型 2

除了上述的图片验证码外，还有其他类型的图片验证码。

图 4-4 所示就是另外一种图形验证，需要用户按顺序点击图片中的汉字。这种方式对于正常用户来说，是非常简单的，只需要按照它给出的汉字序列依次点击图片中的字，但大家想想，若是我们要实现爬虫的自动登录功能，应该怎么破解这个验证码的识别方式，自动登录网站呢？

● 图 4-4　图片验证 2

这里就需要先得到规定的汉字个数与序列，再在下方的图片中定位到所有的汉字，再根据顺序进行点击。这说着简单，但要实现其中每一个步骤，都需要付出许多精力和成本，才能够完成。

5. 音频验证码

前面所说的验证码的验证方式可以说都是基于视觉来区分计算机和普通用户。

而音频验证码是基于人的听觉来设计的，用户需要将验证码中给出的音频文件中听到的内容输入到文本框中进行校验，校验通过才能正常登录，否则就识别为爬虫程序，禁止进入网站，如图 4-5 所示。

● 图 4-5　音频验证

6. 短信验证码

由于现在的账号都与个人的手机号绑定，所以还衍生出了短信验证的方式，它会将验证码以短信的形式发送到绑定的手机号，用户从手机短信中获取该验证码，再将验证码输入进行验证，以此来防止爬虫程序访问自己的网站，如图 4-6 所示。

从以上的多种验证方式可以看出，**验证码是爬虫学习的一大难关，它有多种实现方式，每一种都需要我们特别处理**。所以，要想熟练掌握验证码的破解方法，我们需要先了解每一种验证方式的实现思路，这样以后遇见网站有验证码反爬虫技术时，才能快速了解其实现的方法，进行针对破解。随着验证码的不断升级，特别是各种图像验证码的大量使用，破解验证码的难度也不断增加。为了应对这一挑战，黑客和攻击者也采用了图像识别技术，这种技术通常基于机器学习和深度学习算法，能够识别和解析图像验证码。这使得破解验证码的自动化程序变得更加复杂，但也推动了安全领域中的图像识别技术的发展，接下来就让我们来了解一下图像识别技术吧。

● 图 4-6　短信验证

4.2　图像识别技术

　　了解了验证码的知识，我们可能已经发现，现在大多数的验证码验证方式，还是基于人类识别特征的能力的。通过给出一幅图片，要求用户输入图片中的内容，以此来进行用户验证，或是要求将图片中缺失的一块拼图移动到正确的位置。而**破解这些验证方式，都离不开接下来要介绍的一种技术——图像识别技术**。

　　大家可能对这一项技术并不陌生，因为我们生活中也常常使用这一种技术，例如：图片提取文字，在生活中，有时候我们得到的素材是一张图片，而我们想要的信息是图片中的文字，我们肯定不会逐字抄写下来，而都是通过文字提取工具来自动获取其中的文本信息。这种工具就使用了图像识别技术；再比如生活中常见的拍照搜题功能，也应用了图像识别技术。

4.2.1　图像识别技术的基础知识

　　在学习相关知识前，我们需要了解一些图像处理的相关概念与基础知识，如图像空间分辨率、灰度与灰度图像、图像的采样与量化、图像的存储与格式等。

1. 图像空间分辨率

空间分辨率是指在遥感影像中能够清晰识别相邻两个地物的最小距离，反映了图像空间的详细程度。在扫描影像中，通常使用瞬时视场角的大小来表示像元(即地面信息离散化而形成的网格)，而空间分辨率则是评价传感器性能和遥感信息质量的重要指标之一。空间分辨率越高，表示采集到的遥感影像具有越高的清晰度和精度，能够更准确地识别和测量地物形状和大小。

其常用的表示方法是数字图像像素的数量，比如 1500×1200 表示该图像的空间分辨率为 1500 像素宽和 1200 像素高。

2. 灰度与灰度图像

灰度是辨明图像明暗的数值，即黑白图像中点的颜色深度。其范围一般为 0 ~ 255(白色：255；黑色：0)。

灰度图像是一种基于单色通道(如黑、白或灰)表示图像的方式，也就是通俗意义上的黑白图像，每个像素的灰度值代表了该像素在图像中的亮度值，灰度值越大表示该像素点越亮。灰度图像通常用于图像处理中，如图像增强、边缘检测等。在图像处理中，常常需要将彩色图像转换成灰度图像，以便更容易地进行处理和分析。

3. 图像的采样与量化

图像又分为模拟图像与数字图像。

模拟图像：通过数学模型和算法来模拟、表示真实世界中的图像。它是指在一定的数学范畴内，通过具体的数学算法和计算机程序模拟人眼对真实图像的感受和处理过程，使计算机输出的图像看起来具有真实的感觉。模拟图像通常是由像素组成的二维矩阵，每个像素代表了图像中的一小部分，像素的颜色代表了图像在此位置的光学信息，这些像素的大小、排列方式、颜色等都可以通过数学算法和计算机程序进行模拟和生成。

数字图像：由像素点组成的图像，每个像素点都有其特定的位置和颜色信息。它是用数字方式对真实世界中的图像进行离散化表示。在数字图像中，每个像素点的颜色信息用一个数字表示，这个数字通常是由 8 位二进制位组成的，并且可以表示 256 种不同的颜色。数字图像广泛应用于计算机视觉、图像处理、计算机图形学、远程感知等领域。

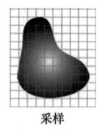 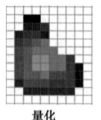

采样　　　　**量化**

● 图 4-7　图像的采样与量化

从两种图像的定义上看，模拟图像相当于传统的照片，那么如何将模拟图像转化为数字图像呢？很简单，对模拟图像进行采样与量化即可，如图 4-7 所示。

数字图像可以表示为以像素为元素的矩阵，即二维数组。

其数学模型为：以空间位置 (x, y) 为自变量的二维函数 $f(x, y)$。其中 (x, y) 表示像素位置，$f(x, y)$ 表示像素灰度值。

说了这么多，采样与量化的具体定义到底是什么呢？

采样：将模拟图像转化为数字图像的空间精度，采样间隔越小，图片保留信息越多。

量化：将像素的灰度(浓淡)变换成离散的整数值的操作，量化级别越高，图片效果越好。

4. 图像的存储与格式

通常，图像所占的内存空间都不小。它是如何储存的呢？

首先是计算二维数字图像所需的比特数公式：

$$b = m \cdot n \cdot k;$$

$$l = 2^k;$$

(m：数字图像的行；n：数字图像的列；l：图像的灰度级；k：通过计算得到的一个关于灰度级的系数)

其次是几种较为常见的存储格式：BitMap、JPEG、GIF、PNG 等。

(1) BitMap 格式

BitMap 的显示速度快，它的图像数据是按照像素的顺序来存储的，这样可以快速地进行图像的显示和处理；并且显示精细，BitMap 可以支持高分辨率的图像，能够显示更多的细节和清晰度；它的兼容性很强，BitMap 是 Windows 平台下最常用的图像格式之一，它可以兼容几乎所有的软件和硬件。

但它也有着很明显的缺点：文件较大，由于 BitMap 图像是以像素点的形式存储的，所以它的文件大小往往比其他格式的图像文件要大很多；不支持透明色和动画，如果需要制作透明或者动态效果的图像，那么 BitMap 可能并不是一种很好的选择；不支持向量图像，比如矢量图像格式，例如 SVG 可以将图像进行等比例缩放，而 BitMap 不能。

(2) JPEG 格式

JPEG 相较于 BitMap 有着更高的优势。压缩比高，JPEG 能够将图像的大小压缩到原来的几十分之一，节省存储空间和传输带宽；显示效果好：JPEG 能够保存高保真的图像，而且在压缩比适当的情况下，显示效果不错，不会出现明显的失真；支持灰度和彩色图像：JPEG 支持灰度和彩色图像的压缩，适用于多种应用场景。

但是，JPEG 也存在很多缺点。如：丢失部分细节，在 JPEG 图像压缩过程中，一些小细节、边缘等图像信息很可能会被丢失，导致图像质量下降；可能出现图像失真，过度压缩或压缩比过高可能会导致图像失真，产生锯齿等问题。不适用于无损压缩，JPEG 以有损压缩的方式进行图像压缩，因此不适用于要求图像无损的应用场景。

总的来说，JPEG 是一种广泛应用的图像压缩格式，适合大多数应用场景，但需要根据实际情况选择合适的压缩比和参数，以平衡图像质量和文件大小的需求。

（3）GIF 格式

GIF 作为常用的存储格式，有着不少优势。其支持动画，可以展示出流畅的动态效果；并且色域广，支持 256 色，可以在文件大小和显示色彩方面进行平衡；支持透明背景，允许在图像中设置透明色，方便将图像嵌入到其他场景中；文件相对较小，较为适合网络传输和存储。

其缺点如下：由于无法支持真彩色，这意味着图像的色彩有限，可能会失去一些细节；因为其 256 色的限制，对于色彩细节较为丰富的图像，会出现失真情况；存储图像（静态图像）的压缩效果较差，可能会出现马赛克；不适合存储大型图像，如高清晰度或高分辨率图像，因为它们会导致文件大小增加。

（4）PNG 格式

PNG 是一种无损的位图图像格式，具有以下优点：无损压缩，PNG 使用无损压缩算法，图像质量不会因压缩而降低；支持透明度，PNG 支持透明度通道，能够处理透明背景等复杂情况；支持多种色彩深度，PNG 支持 8 位、24 位和 32 位色彩深度，适用于大多数图像需要；支持高分辨率，PNG 支持高分辨率图像，适用于需要打印或放大的图像。

然而，PNG 格式也有一些缺点：文件较大，由于 PNG 是无损压缩，因此文件通常比其他格式（如 JPEG 和 GIF）大；PNG 格式不支持动画，对于动态图像需要使用其他格式；不支持 CMYK，PNG 不支持 CMYK 颜色模式，只支持 RGB 和灰度模式，不适合印刷行业。

综上所述，PNG 格式适用于需要高质量图像和透明背景的场景，但文件较大，而且不支持动画。

5. 直方图

直方图是一种展示数据分布情况的图表，它将数据分成若干个区间，然后统计每个区间中数据出现的次数或频率，并将其显示在图表上，以直观地反映出数据的分布规律。在直方图中，横轴代表数据的区间，纵轴表示数据出现的次数或频率，每个区间的柱子高度表示该区间内数据出现的次数或频率。

直方图在图像中常常用于图像分割，即根据直方图获取分割阈值，通过对比直方图进行图像分类。

接下来看一下一种图像识别的具体技术：OCR。

▶▶ 4.2.2　什么是 OCR？

OCR 的全称为 Optical Character Recognition，译为光学字符识别。它可以利用光学技术和计算机技术将图片中的文本信息提取出来。例如我们在纸上写下了一段文字，拍照发给了另外一个人，他就可以使用 OCR 技术，将其中的文本数据提取出来，而不是自己照着图片输入这段文字。接下来让我们探究其实现过程及其原理吧。

▶▶ 4.2.3　OCR 原理

简单来说，OCR 可以分为以下几个步骤。

第一步：先通过扫描传入 OCR 机器的图像，得出图像的大概轮廓，例如：图像是否倾斜或颠倒，图像中是否有污点。

第二步：这一步就是对上一步出现的问题进行更正，解决，将图像正确摆放，去除图像中的污点等。

第三步：OCR 一行行识别每一个出现的字符，将字符与字库中的数据进行比较，得出该字符具体是哪一个汉字。

第四步：OCR 将识别的汉字整合，最后输出，得到一个文本数据，成功获取图像中的文本数据。

这些步骤协同工作，使 OCR 成为一种有力的工具，可用于将印刷或手写文本从图像中转化为可编辑的文本数据，以便进一步分析或存储。

接下来介绍一个简单的 OCR 识别案例。

进入网站 https://www.gaitubao.com/tupian-wenzi，这是一个 OCR 的图片转文字在线网站，在功能栏中选择好图片转文字，如图 4-8 所示。

● 图 4-8　**OCR 网站**

然后点击上传要识别的文字图片，将图片上传好之后，网站就会利用 OCR 技术对图片中的文字内容进行提取和识别，最后在下方输出所识别出的内容，如图 4-9 所示。

● 图 4-9　识别结果

OCR 技术的发展也离不开很多相关技术，其中较为重要的就是字符数据库，下面让我们认识一下 OCR 的一个字符数据库 Tesseract。

▶▶ 4.2.4　**什么是 Tesseract？**

OCR 背后一定有一个巨大的数据库，因为图像的种类繁多，要想精确判断每一个图像，就需要庞大的库来支撑。

Tesseract 就是这样一个库，它**包含每种字符可能的汉字是什么**。由于每个汉字会以多种形态各异的字符形态出现，要想确切地判断识别出的字符具体是哪一个汉字，**就需要与库中的数据进行匹配，看它的形状与库中的哪种字符相近，最后得出该字符可能性最大的汉字。**

而 **Tesseract 最大的特点就是可训练**，它能够不断通过训练，识别更多的字符，丰富库中的数据，使得图像转文本的能力不断增强。

通过这两节内容，我们了解了图像识别的基本知识，以及一款图像识别的工具 OCR 及其数据库 Tesseract，知道了其能力的强大，但是普通学习者想要充分应用其能力是较为困难的。那么有没有一类工具可以充分利用图像识别技术，且不要求使用者有较高的图像识别水平呢？答案是：有的，那就是打码平台，其充分利用了图像识别技术，并且识别过程对用户是透明的，这意味着用户不用关心其内部是如何实现的，只需等待结果即可，这对用户十分友善。接下来就让我们了解一下打码平台吧。

4.3　打码平台的使用

图像识别技术现阶段已经发展成熟了，我们没有必要再训练一个自己的 Tesseract 库，现阶段可以直接利用这一技术来帮助我们解决问题。这就是我们接下来要介绍的工具——打码平台。

▶▶ 4.3.1　什么是打码平台？

打码平台是**提供图像识别功能的平台**，它为用户提供接口。用户通过这个接口就可以使用该平台提供的图像识别功能。

常见的打码平台有：超级鹰、联众打码、云打码、打码兔、超人打码、91 打码等。

▶▶ 4.3.2　如何使用打码平台

这里以**超级鹰**为例讲解如何使用打码平台。

第一步：先注册一个账号，以使用超级鹰，如图 4-10 所示。

● 图 4-10　注册用户

第二步：选择自己使用的语言，下载相应示例，如图 4-11 和图 4-12 所示。

● 图 4-11　选择使用的语言

● 图 4-12　下载相应示例

第三步：解压下载的文件，得到四个文件。打开其中的 Python 文件，如图 4-13 所示。

● 图 4-13　解压文件，打开 Python 文件

第四步：修改 Python 代码。由于该程序已经封装好，我们不需要修改其他地方，只需要填入自己的账号、待识别的图片链接和验证码的类型(纯数字、纯字母、数字和字母混用等)，如图 4-14 所示。

修改用户信息，如图 4-15 所示。

准备待识别验证码图片，如图 4-16 和图 4-17 所示。

```
if __name__=='__main__':
    chaojiying = Chadiying.Client('超级鹰用户名','超级鹰间户名的密码','96091')
    im=open('a.jpg','rb').read()
    print(chaojiying.PostPic(im, 1982))
```

● 图 4-14　需要修改的内容

```
chaojiying = Chadiying.Client('超级鹰用户名','超级鹰间户名的密码','933685')
```

● 图 4-15　用户信息

```
im=open('a.jpg','rb').read()
```

● 图 4-16　待识别验证码　　　　● 图 4-17　验证码信息

修改识别类型，如图 4-18 所示。

```
print(chaojiying.PostPic(im, 3005))
```

● 图 4-18　该验证码的类型

第五步：得到返回结果(见图 4-19 和图 4-20)。

{'err- no': 0,'err- str': 'OK ,pic_ id: 9177822170874390002'. 'pic_ str': 'GYAXN', 'nd5':
'87881d86c2f11b6dde fe442c4ecba736'}

● 图 4-19　返回结果

```
'pic_ str': 'GYAXN',
```

● 图 4-20　验证码信息

4.4　验证码爬虫案例

了解了验证码反爬虫以及如何使用打码平台破解验证码之后，我们就能够结合之前所学知识破解验证码，实现模拟登录，下面我们就用一个具体的案例，来看一下模拟登录是如何实现的吧。

▶▶ 4.4.1　分析测试网站

图 4-21 就是我们即将爬取的网站，我们将在此网站上实现模拟登录。

从前面所学的知识，我们知道，这一项任务的难点在于验证码。而现在可以使用打码平台自动读取验证码字符，所以**我们的任务就是获取登录时所需的验证码**，将它保存在本地，然后由打码平台进行读取，得出验证码的结果。

● 图 4-21　登录界面

创建一个账号进行登录。这里可以看到，在**我的收藏中有 3 首诗，这是登录之后才能看见的信息**，如图 **4-22** 所示。

● 图 4-22　收藏界面

通过浏览器开发者模式抓包，我们也很容易找到登录时所发送的数据包。其中的 email、pwd、code 分别是我们输入的账号、密码、验证码，如图 4-23 所示。其中只有验证码是变化的，所以，理论上我们只要解决验证码问题，就能够实现模拟登录了。接下来我们就实操试一试吧。

● 图 4-23　登录数据包

▶▶ 4.4.2　实现模拟登录

第一步：配置打码平台。

前往打码平台下载对应环境的开发文档，这里我们使用的是超级鹰打码平台，开发环境为 Python 环境，如图 4-24 所示。

● 图 4-24　超级鹰开发文档

然后解压下载文件，打开其中的 Python 代码。打开代码后，修改相应代码，填入自己的账号信息，分别是账号、密码以及软件 ID，如图 4-25 和图 4-26 所示。

第二步：获取验证码并进行破解。

在网页中定位到验证码元素所在的位置，然后复制该元素的 xpath 路径，如图 4-27 所示。

```
if __name__=='__main__':
    chaojiying = Chadiying.Client('超级鹰用户名','超级鹰间户名的密码','96091')
    im=open('a.jpg','rb').read()
    print(chaojiying.PostPic(im, 1982))
```

● 图 4-25　修改前代码

```
if __name__=='__main__':
    chaojiying = Chadiying.Client('超级鹰用户名','超级鹰间户名的密码','933685')
```

● 图 4-26　修改后代码

● 图 4-27　验证码元素

　　然后对网站发起请求，获取网页的源代码，**通过 etree.HTML ( ) 方法生成文档树**，再通过 xpath 路径定位到验证码元素，获取其中的 src 属性值，最后进行字符串拼接，就可以得到完整的验证码图片的请求链接了。

```
url = 'https://模拟登录测试网址/login.aspx'

headers = {
    "user-agent": "Mozilla/5.0 (Windows NT 10.0; Win64; x64) Ap pleWebKit/537.36 (KHT-
ML, like Gecko) Chrome/100.0.48
    96.75Safari/537.36"
}
text = requests.get(url=url,headers=headers).text
tree = etree.HTML(text)
imgUrl = 'https://测试网址
```

　　之后就能进一步对验证码图片链接发起请求，得到验证码图片。然后将得到的图片内容保存在本地，再由超级鹰进行读取，识别其中的内容，得到验证码图片的字符串数据。

```
img = requests.get(url=imgUrl,headers=headers).content
with open('./code.jpg','wb') as fp:
    fp.write(img)
im = open('./code.jpg', 'rb').read()
```

```
code = chaojiying.PostPic(im,1902)['pic_str']
print(code)
```

结果：

获取的图片验证码与超级鹰解析得到的字符串相符，我们成功获取并破解了网站的验证码识别机制。

第三步： 模拟登录进入收藏界面。

在分析阶段，我们已经得到结论，登录所需的表单数据只有验证码部分是变化的。既然我们在第二步就已经破解了验证码识别机制，所以我们只需要将变化的验证码字符串填入表单数据中就能够实现模拟登录了。

由此，我们构建好登录所需要的表单数据，然后发送登录请求，进行模拟登录，进入自己的收藏界面，将该界面保存在本地。

```
loginUrl = 'https://模拟登录测试网址/login.aspx'
data = {
'__VIEWSTATE ': ' d6m3YYVbUqloN7oT2OFvMbS7UPKBgXJ / ETI + imcWaOHd2fW5YrMGLCUIIs +
9KYgR4uZ3vWWaJBRa87KmD1lko / NXI15nW5N6RDsuBAeoiuOuMn + OCY / C1HzaCUaiR0ahfuitEnLU-
o9aIjrGVaGnyqqePisk =',
'__VIEWSTATEGENERATOR':'C93BE1AE',
'from':'模拟登录测试网址',
'email':'账号',
'pwd':'密码',
'code': code,
'denglu':'登录'
}

loginText = requests.post(url=loginUrl,headers=headers,data=data).text
with open('./login.html','w',encoding='utf-8') as fp:
    fp.write(loginText)
```

结果：

打开保存在本地的网页，却提示验证码有误，登录失败，没能成功进入收藏界面。这说明模拟登录失败了，如图 4-28 所示。

● 图 4-28 登录失败

由于是将 HTML 页面直接保存在本地，没有 CSS、JavaScript 等文件进行渲染，所以网页显示格式混乱属于正常现象。

第四步：修改代码，进行模拟登录。

在第三步中，模拟登录并没有实现，登录失败，回到了登录界面。到底是哪里出了问题呢？说是验证码有误，但在第二步，明明已经破解了验证码机制，得到的验证码与解析得到的验证码字符串也没有问题。

其实仔细想想，我们也能猜到问题所在。**在进行模拟登录时，我们对网站发起了多次请求，先获取验证码，再进行模拟登录，这些请求之间并没有关联**，也就是说，我们先获取的验证码已经过期了，再进行模拟登录时，登录所需的验证码已经刷新了，使用老旧的验证码进行登录自然会失败。

那么应该怎样保证先一步获取的验证码在之后使用时能够生效呢？

这需要使用**网络请求的一种机制——session 和 cookie**。session 会话维持我们与服务器的长期交互，cookie 则是我们的身份证明。在请求时加入 cookie，则可以让服务器明白，请求验证码和进行登录的是同一个人，而不是毫不相干的两个人。这样请求的验证码就是我们登录所需要的验证码了。

使用 session 会话，维持我们与服务器的联系。通过 Python 获取 session，之后所有的请求都通过 session 实现。

```
session = requests.Session()
url = 'https://迷你登录测试网址/login.aspx'
headers = {
    "user-agent": "Mozilla/5.0 (Windows NT 10.0; Win64; x64) AppleWebKit/537.36
(KHTML, like Gecko) Chrome/100.0.4896.75 Safari/537.36"
    }
text = session.get(url=url,headers=headers).text
tree = etree.HTML(text)
imgUrl = 'https://测试网址
        /'+tree.xpath('//*[@id="imgCode"]/@src')[0]
img = session.get(url=imgUrl,headers=headers).content
with open('./code.jpg','wb') as fp:
    fp.write(img)
im = open('./code.jpg', 'rb').read()
code = chaojiying.PostPic(im,1902)['pic_str']
print(code)
loginUrl = 'https://模拟登录测试网址/login.aspx'
data = {
```

```
   '__VIEWSTATE':'d6m3YYVbUqloN7oT2OFvMbS7UPKBgXJ / ETI + imcWaOHd2fW5YrMGLCUIIs + 9KYgR4uZ-
3vWWaJBRa87KmDllko / NXI15nW5N6RDsuBAeoiuOuMn + OCY / C1HzaCUaiR0ahfuitEnLUo9aIjrGVaGnyqqePi-
sk =',
   '__VIEWSTATEGENERATOR':'C93BE1AE',
   'from':'模拟登录测试网址',
   'email':'账号',
   'pwd':'密码',
   'code': code,
   'denglu':'登录'
   }
loginText = session.post(url=loginUrl,headers=headers,data=data).text
with open('./login.html','w',encoding='utf-8') as fp:
       fp.write(loginText)
```

结果:

这一次我们成功进入了收藏界面,可以看到其中收藏的三首诗,说明我们实现了模拟登录,如图 4-29 所示。

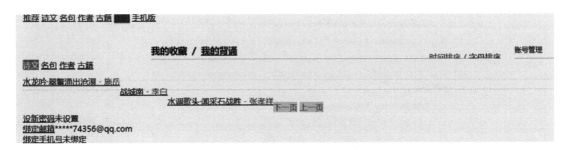

● 图 4-29　我的收藏界面

该页面与上次失败情况一样,缺少其他文件的渲染,网页混乱显示是正常现象。

4.4.3　核心代码

下面这段代码是一个 Python 脚本,其主要功能是用于模拟登录一个网站,并且在登录过程中使用超级鹰平台的验证码识别服务来自动识别验证码,最终实现模拟登录网站并保存登录后的页面内容。

```
import requests
from hashlib import md5
from lxml import etree
class Chaojiying_Client(object):
    def __init__(self, username, password, soft_id):
```

```python
        self.username = username
        password =  password.encode('utf8')
        self.password = md5(password).hexdigest()
        self.soft_id = soft_id
        self.base_params = {
            'user': self.username,
            'pass2': self.password,
            'softid': self.soft_id,
        }
        self.headers = {
            'Connection': 'Keep-Alive',
            'User-Agent': 'Mozilla/4.0 (compatible; MSIE 8.0; Windo ws NT 5.1; Trident/4.0)',
        }
    def PostPic(self, im, codetype):
        params = {
            'codetype': codetype,
        }
        params.update(self.base_params)
        files = {'userfile': ('ccc.jpg', im)}
        r = requests.post('http://upload.chaojiying.net/Upload/Processing.php',
            data=params, files=files, headers=self.headers)
        return r.json()
    def PostPic_base64(self, base64_str, codetype):
        params = {
            'codetype': codetype,
            'file_base64':base64_str
        }
        params.update(self.base_params)
        r = requests.post('http://upload.chaojiying.net/Upload/Processing.php',
data=params, headers=self.headers)
        return r.json()
    def ReportError(self, im_id):
        params = {
            'id': im_id,
        }
        params.update(self.base_params)
        r = requests.post('http://upload.chaojiying.net/Upload/ReportError.php',
        data=params, headers=self.headers)
        return r.json()
if __name__ == '__main__':
    chaojiying = Chaojiying_Client('账号', '密码', '933685')
    session = requests.Session()
    url = 'https://模拟登录测试网址/login.aspx'
    headers = {
```

```
    "user-agent": "Mozilla/5.0 (Windows NT 10.0; Win64; x64) Ap  pleWebKit/537.36
    (KHTML, like Gecko) Chrome/1
      00.0.4896.75 Safari/537.36"
}
text = session.get(url=url,headers=headers).text
tree = etree.HTML(text)
imgUrl = 'https://测试网址
        /'+tree.xpath('//*[@id="imgCode"]/@src')[0]
img = session.get(url=imgUrl,headers=headers).content
with open('./code.jpg','wb') as fp:
    fp.write(img)
im = open('./code.jpg', 'rb').read()
code = chaojiying.PostPic(im,1902)['pic_str']
print(code)
loginUrl = 'https://模拟登录测试网址/login.aspx'
data = {
'__VIEWSTATE': 'd6m3YYVbUqloN7oT2OFvMbS7UPKBgXJ / ETI + imcWaOHd2fW5YrMGLCUIIs +
9KYgR4uZ3vWWaJBRa87KmD1lko / NXI15nW5N6RDsuBAeoiuOuMn + OCY / C1HzaCUaiR0ahfuit-
EnLUo9aIjrGVaGnyqqePisk =',
'__VIEWSTATEGENERATOR':'C93BE1AE',
'from':'模拟登录测试网址',
'email':'账号',
'pwd':'密码',
'code': code,
'denglu':'登录'
}
loginText = session.post(url=loginUrl,headers=headers,data=data).text
with open('./login.html','w',encoding='utf-8') as fp:
    fp.write(loginText)
```

4.5 本章小结

　　验证码反爬虫是爬虫学习道路上的一大难关，因为它的验证类型有许多，各有各的特性，而且用到的技术都是比较高级的，而想要破解它们也需要使用难度较大的图像识别技术。需要爬虫人员了解 OCR 光学字符识别技术，并对 OCR 的库 Tesseract 进行训练与更新，使它能够更精准地识别图像，处理图像。

　　但这对很多人来说是很困难的，因为不是每一个人都擅长图像识别，不是每一个爬虫人员都会图像识别技术。所以打码平台出现了，它为用户提供图像识别技术的接口，让用户方便地使用图像识别技术而不需要关心它是如何实现的。使用这种技术，即使我们对图像识别技术了解甚少，也能够处理验证码反爬问题。

第 5 章

模 拟 登 录

▷▷▷▷▷▷

本章思维导图

本章知识点:

- 请求有 get 和 post 请求两种方式。
- 使用 get 请求模拟登录需要使用 cookie 参数。
- 使用 post 请求需要提交表单数据。

- 网页结构是一种树状结构。
- xpath 方法是根据网页的树状结构来定位标签数据的。
- selenium 是一个自动化测试工具，可以用来控制浏览器。

我们学习爬虫可能会有这样一个想法——想爬取自己在某网站活动的历史记录，然后将获取的数据进行分析，得出自己的喜好分布表。但是我们可能会遇见这样一个问题：我们虽然能够获取网站的数据，但我们自己在网站活动的信息却无法在获取的数据中找到。这是因为我们在爬取数据时，并没有告诉网站我们是哪一位用户，所以服务器只会将给游客查看的内容返回给爬虫程序，导致我们不能看到自己在网站上的活动记录。

所以我们在设计爬虫程序时，**不仅要考虑能否从网站上获取数据，还要思考我们在爬取数据时是否要让爬虫处于登录状态**。这就要用到接下来要学习的内容——如何进行模拟登录，让爬虫处于登录状态，获取更多需要的数据。接下来了解一下两种模拟登录的方法：requests 模拟登录和 selenium 模拟登录。

5.1 requests 模拟登录

我们学习爬虫，对于 requests 模块必然不陌生，正是通过 requests 库提供的方法，我们才能使用代码访问服务器。而 requests 给我们提供了两种访问服务器的方法，分别是 get 请求方式和 post 请求方式，通过灵活地使用这两种方式，可以有效提高爬虫程序的性能。下面具体了解一下 requests 的基础操作，get 和 post 两种请求方式，以及 cookies 在其中的使用吧。

▶▶ 5.1.1 requests 的基础操作

在了解两种请求方式前，我们需要了解一些 requests 的基础操作：如何得到网页的源码、URL 地址等诸如此类的信息。

以下是使用 requests 库进行基本操作的步骤：

1）导入 requests 库。在程序文件中导入 requests 库，例如使用"import requests"命令。

2）发送 HTTP 请求。使用 get/post 方法发送 HTTP 请求。例如，使用 get 方法获取指定 URL 的网页源代码。

3）处理 HTTP 响应。requests 会自动处理 HTTP 响应，包括状态码、错误处理和数据解析等。

4）解析 HTML 页面。使用解析库如 BeautifulSoup4（bs4）来解析 HTML 页面，从而获取需要的信息。

演示代码:

```
import requests
url = 'http://www.baidu.com'
#获取网页
response = requests.get(url=url)
#可以设置响应的编码格式
response.encoding = 'utf-8'
#以字符串的形式返回了网页的源码
print(response.text)
#返回 url 的地址
print(response.url)
#返回二进制的数据
print(response.content)
#返回响应的状态
print(response.status_code)
#返回响应头
print(response.headers)
```

图 5-1 所示即是代码运行结果图,其以字符的形式返回了百度页面的源代码、相应状态等相关信息。

```
<!DOCTYPE html>
<!--STATUS OK--><html> <head><meta http-equiv=content-type content=text/html;charset=utf-8><meta http-equiv=)

http://www.baidu.com/
b'<!DOCTYPE html>\r\n<!--STATUS OK--><html> <head><meta http-equiv=content-type content=text/html;charset=utf
200
{'Cache-Control': 'private, no-cache, no-store, proxy-revalidate, no-transform', 'Connection': 'keep-alive',
```

● 图 5-1 运行结果图

▶▶ 5.1.2 get 请求方式

get 请求是 HTTP 中的一种请求方法,用于获取(或称读取)服务器上的资源。客户端通过发送 HTTP get 请求到服务器来请求特定的资源,例如网页、图像等。在 HTTP 请求中,get 方法通常用于无副作用的操作,也就是说它不会修改服务器上的资源。因为现在很多网站都不再强制要求用户登录了,游客也能在网站上尽情访问数据,所以现在大多数网站都支持 get 请求,同时它也是最为常用的请求方式。

比如说 B 站,即使用户不登录,也能在该网站上观看学习视频。但**只有登录之后,才能进行点赞、评论、收藏等操作**。所以在获取网站数据时,我们一般使用的都是 get 请求方式,这已经满足了我们的需求。

但对于上面的这个案例，我们需要获取的是自己在网站上的活动记录，这些信息必然不是普通游客可以访问到的数据，也不是其他用户能够访问到的数据，这些数据只有我们自己登录时才能访问到。所以我们的爬虫程序还应该具有登录功能，这样我们才能获取自己在该网站上的活动记录信息。

通过上面的介绍，我们可能直观地认为 get 请求的方式无法实现爬虫程序的登录功能。因为 get 请求方式的实现并没有考虑到请求者是否处于登录状态。但事实并不是这样，**使用 get 请求方式，也能实现爬虫的登录功能**。

▶▶ 5.1.3　cookie 的使用

不知大家是否还记得 cookie 这个参数，它记录了用户的一些必要信息，能够辨别访问服务器的各个用户，从而为不同用户提供服务(例如：通过用户的浏览记录、喜好等为用户提供不同的内容)。我们访问某些曾经登录过的网站时，发现不用输入账号密码，网站就已经实现了自动登录，这就是通过 cookie 参数实现的。

由此可知，我们可以使用 cookie 参数来实现爬虫的登录功能。我们将 cookie 参数加到请求头 headers 中，随着请求一起发送给服务器，这样服务器在识别到我们的 cookie 参数信息时，就能识别我们是哪一个用户，实现登录操作，从而返回相应的响应数据。

在使用 cookie 进行登录时，需要确保用户已经完成了正常的登录流程，否则可能会收到一些虚假或无效的 cookie。此外，由于一些安全措施，如果用户在没有正确登录的情况下尝试使用 cookie 登录，可能会触发安全验证机制并被拒绝访问。因此，在使用 cookie 登录时，请务必确保用户已经成功进行了身份认证。

以下就是**使用 get 请求方式和 cookie 参数实现爬虫模拟登录**的方式。

```
import requests
# 爬取的网站链接
url = 'https://www.baidu.com/'
#请求头headers
headers = {
    'User-Agent':'Mozilla/5.0(WindowsNT10.0;Win64;x64)Apple
    WebKit/537.36(KHTML,likeGecko)Chrome/101.0.4951.41Safar
    i/537.36Edg/101.0.1210.32',
    ' Cookie ':' BAIDUID = DD17F9D376C344F7801683850DAAED 38: FG = 1; BAIDUID _ BFESS =
DD17F9D376C344F7801683850DAAED38:
    FG=1;BIDUPSID=DD17F9D376C344F7801683850DAAED38;
    PSTM=1651407078; BD_HOME = 1; H_PS_PSSID = 36309_31660_36005_36166_34584_35979_
    36234_26350_36301_22159_36061;
```

```
           BD_UPN=12314753; BA_HECTOR=a405aha1202k8g253m1h6su780r'
    }
        # get 方式访问服务器
response = requests.get(url=url,headers=headers)
```

▶▶ 5.1.4 post 请求方式

与 get 请求方式不同，**post 请求方式在使用时还需要提交一个必要表单信息**，这样才能成功访问服务器。

值得注意的是，这并不是说 post 请求方式比 get 请求方式更加麻烦，使用 get 请求方式更加简便快捷。例如：在我们爬取单词翻译网站时，使用的就是 post 请求方式，因为我们在爬取翻译网站帮我们实现翻译功能时，需要将待翻译的词传送给服务器，服务器才会知道我们要翻译的内容是什么，进而将翻译结果发送回来。这里待翻译的单词，使用的就是 post 请求方式，可以将其封装好传送给服务器。所以 get 请求方式和 post 请求方式并不是有一个更好，它们只是使用场景不同而已。

事实上，get 请求与 post 请求的差异主要体现在以下几个方面：

1）get 请求将请求的参数添加到 URL 中，而 post 请求将请求的参数放在 HTTP 请求的正文中。

2）get 请求对发送的数据量有限制，通常不超过 2048 个字符（具体实现取决于浏览器和服务器），而 post 请求没有此限制。

3）get 请求的数据可以被缓存，而 post 请求不能被缓存。

4）get 请求会产生一个 TCP 数据包，而 post 请求可能会产生多个 TCP 数据包。

5）get 请求用于获取资源，post 请求用于提交数据。

因此，get 请求适合参数少、查询频繁、安全性要求低等情况；而 post 请求适合参数较多、数据敏感、需要更新服务器数据等情况。

我们回到模拟登录的实现。其实，**网站的登录功能也是通过 post 请求方式实现的**，我们输入的账号和密码就生成了一个表单信息，然后通过 post 请求方式发送给服务器，从而实现登录功能。

所以，要想实现网站的登录功能，我们还可以使用 post 请求方式来实现。我们登录所需的一些必要的参数（例如账号，密码等）封装成一个表单信息，然后就可以将封装的信息通过 post 请求方式发送到服务器，这样爬虫就实现了登录功能。

图 5-2 所示就是某个网站登录时需要提交的表单数据，我们只要将登录所需数据封装好，就能够实现模拟登录了。

▼ 表单数据　　　查看源代码　　　查看网址编码格式的数据
    username:
    password:
    checkcode:
    usecookie: 315360000
    action: login

● 图 5-2　登录的表单数据

以下就是**使用 post 请求方式实现爬虫模拟登录**的方式。

```
import requests
# 爬取的网站链接
url = 'https://www.baidu.com/'
#请求头 headers
headers = {
    'User-Agent':'Mozilla/5.0(WindowsNT10.0;Win64;x64)
    AppleWebKit/537.36 (KHTML,like Gecko)Chrome/101.
    0.4951.41Safari/537.36Edg/101.0.1210.32',
    }
#登录的表单数据
data = {
    'username': '',
    'password': '',
    'checkcode': '',
    'usecookie': '315360000',
    'action': 'login',
    }
# post 方式访问服务器
response = requests.post(url=url,headers=headers,data=data)
```

▶▶ 5.1.5　get 请求失败的案例

正如前面所说，不论是对网站开发者还是爬虫开发者而言，get 请求方式都是其最常用的一种请求方式，那么爬虫开发者最常用的 requests 便成了网站开发者重点防护的库了。

例如，当使用 requests.get( ) 获取"百度一下"的网页(见图 5-3)，便触发其反爬机制。

可以尝试用以下几种方法解决此问题：

1)在请求头中加入 cookie 与 Accept。一些网站会根据 cookie 信息识别爬虫请求。我们可以在请求头中加入 cookie 信息来规避此类反爬虫机制，同时需要注意设置正确的 Accept 头。

```
D:\编译器\python\3.11.3\pythonw.exe D:\python\第一个\request的get请求.py
<!DOCTYPE html>
<html lang="zh-CN">
<head>
    <meta charset="utf-8">
    <title>百度安全验证</title>
    <meta http-equiv="Content-Type" content="text/html; charset=utf-8">
    <meta name="apple-mobile-web-app-capable" content="yes">
    <meta name="apple-mobile-web-app-status-bar-style" content="black">
    <meta name="viewport" content="width=device-width, user-scalable=no, initial-scale=1.0, minimum-scale=1.0, maximum-scale=1.0">
    <meta name="format-detection" content="telephone=no, email=no">
    <link rel="shortcut icon" href="https://www.baidu.com/favicon.ico" type="image/x-icon">
    <link rel="icon" sizes="any" mask href="https://www.baidu.com/img/baidu.svg">
    <meta http-equiv="X-UA-Compatible" content="IE=Edge">
    <meta http-equiv="Content-Security-Policy" content="upgrade-insecure-requests">
    <link rel="stylesheet" href="https://ppui-static-wap.cdn.bcebos.com/static/touch/css/api/mkdjump_aac6df1.css" />
</head>
<body>
    <div class="timeout hide-callback">
        <div class="timeout-img"></div>
        <div class="timeout-title">网络不给力，请稍后重试</div>
        <button type="button" class="timeout-button">返回首页</button>
    </div>
    <div class="timeout-feedback hide-callback">
        <div class="timeout-feedback-icon"></div>
        <p class="timeout-feedback-title">问题反馈</p>
    </div>

<script src="https://ppui-static-wap.cdn.bcebos.com/static/touch/js/mkdjump_v2_21d1ae1.js"></script>
</body>
```

图 5-3　使用 get 请求爬取“百度一下”

2）将 user-agent 伪装为其他浏览器的头，一些网站会通过 user-agent 头来判断请求是否来自爬虫。我们可以将 user-agent 头改为其他浏览器的 user-agent 头来模拟人类请求，从而规避此类反爬虫机制，如：

```
headers = {‘user-agent’:’Baiduspider’}
```

3）改变电脑的 WLAN：通过改变电脑的 WLAN 网络连接，可以更换 IP 地址，从而避免被封禁。

4）运用代理 IP：使用代理服务器可以隐藏真实 IP 地址，从而防止被封禁。

若还是不能成功，此时，就应当考虑运用其他库——urllib.request 库来进行爬取。

5.2 selenium 模拟登录

除了上面所说的使用发送请求方式实现模拟登录外，我们还可以使用 selenium 库来控制浏览器，从而实现模拟登录。接下来了解一下什么是 selenium 库，它有什么作用，以及如何使用 selenium 来实现模拟登录。

▶▶ 5.2.1 什么是 selenium?

selenium 是一个自动化测试工具。简单来说，selenium 就是一款可以用来控制浏览器的工具。**selenium 就是一个操控器，而浏览器就是一个机器人，我们可以使用 selenium 来操控浏览器。** 也就是说，我们可以使用 selenium 库自动控制浏览器，完成一系列任务。它可以完全模拟我们在浏览器中的操作，例如点击、滚动、输入等。下面具体了解一下其优缺点。

selenium 具有诸多优点，如：可以模拟真实用户操作，执行自动化测试，提高测试效率；支持多种编程语言，如 Java、Python 等，适用性强；可以跨浏览器和操作系统平台运行；集成了多种第三方工具和框架，如 JUnit、TestNG 等；可以对 Web 应用程序进行完整的功能和 UI 自动化测试。

相对应的，selenium 也有一些值得改进的地方：对于非 Web 应用程序的测试，支持不够好；对于图像识别、移动设备测试等高级测试需求，支持不足；在一些特殊场景下（如浏览器安全策略限制），可能需要额外配置或使用其他工具辅助；部分浏览器版本之间存在兼容性问题。

接下来就要使用 selenium 了。但是在使用之前，需要先安装相应的库和环境。

▶▶ 5.2.2 安装 selenium 及驱动

1. 安装 selenium 库

安装 selenium 库较为简单，只需在 CMD 终端输入以下安装命令即可：

Pip install selenium

2. 安装浏览器驱动

除了安装 selenium 库，还需要安装浏览器对应的驱动，因为 selenium 本身只是一个用于自动化浏览器操作的工具集库，并不包含具体控制浏览器的功能。它需要与浏览器驱动（如 ChromeDriver 对于 Chrome 浏览器，或 geckodriver 对于 Firefox）结合使用，才能实际控制浏览器并与其交互。

首先查看浏览器的版本。以 Chrome 浏览器为例，可在浏览器的地址栏输入 chrome://version，跳转之后即可查看浏览器版本号，如图 5-4 所示。

得到浏览器版本号后，下载相应版本的驱动。可以通过下述网站下载 Chrome 浏览器的驱动，如图 5-5 所示。

https://chromedriver.storage.googleapis.com/index.html

● 图 5-4　版本信息

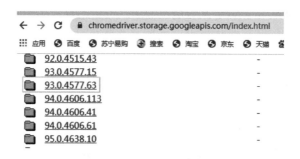

● 图 5-5　下载驱动

下载后之后，将其移动到 Python 的 Scripts 文件夹下。这样在使用时，就不必指定驱动位置，简化操作，如图 5-6 所示。

● 图 5-6　移动驱动文件

测试代码：

```
from selenium import webdriver
#初始化浏览器为 chrome 浏览器
browser = webdriver.Chrome()
#若未将驱动移动到 Scripts 下,则使用绝对路径初始化浏览器
#path=Service('C:/Users/AppData/Local/MyChrome/Chrome/Application/
#chromedriver.exe')
#browser =webdriver.Chrome(service=path)
#关闭浏览器
browser.close()
```

若正确运行，则浏览器会出现被控制的信息，如图 5-7 所示。

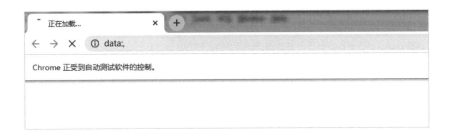

● 图 5-7　控制浏览器

安装 selenium 以及配置好相应环境后，就可以使用 selenium 进行操作了。但是在使用之前，还需要了解一下 xpath 的相关知识，这样才能更好地使用 selenium。

▶▶ 5.2.3　网页结构与 xpath 简介

使用 selenium 之前，我们需要先了解网页的基本结构，以及什么是 xpath。

简单认识一下网页的结构，其实网页可以看作是一棵树的树根。从根节点 body 开始，每一个标签节点都在其父节点下，如图 5-8 所示。

而 xpath 就是网页中每一个标签的路径，这是基于网页的树状结构来生成的，可以用来定位到我们需要的标签，然后再使用 selenium 工具进行操作。

那么如何运用 xpath 进行定位呢？

首先，我们需要知道常用 xpath 表达式，见表 5-1。

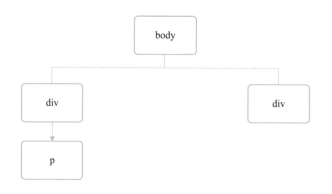

● 图 5-8　网页的树状结构

表 5-1　常用 xpath 表达式

表 达 式	描　　述
nodename	选取此节点的所有子节点
/	从根节点开始选取(绝对定位)
//	从符合条件的元素开始,而不考虑它们的位置(相对定位)
.	选取当前节点
..	选取当前节点的父节点
*	匹配任何元素节点(通配符)
@	匹配任何属性节点(通配符)

其次,便是其常用的三种基础定位方式(以"百度一下"为例)。

- 元素定位:快速定位,唯一属性: // * [@id = " su"]。
- 层级与属性结合:解决没有属性问题: //div[@id = " images"]/a[1]。
- 属性与逻辑结合:解决多个重名问题: // * [@id = " su" and@class = " bg s_btn"]。

最后,我们要如何判断自己的定位是否正确呢?这里就不得不提到 xpath 选择器插件了。常用的谷歌相关定位器有两种:chropath 与 selectorsHub,但是由于 chropath 不再更新,这里我们只讲述 selectorsHub 的应用。

selectorsHub 可以帮助我们生成、编写和验证 xpath 表达式,以便我们更准确地定位 Web 页面中的元素。使用 selectorsHub,我们只需将鼠标悬停在要定位的元素上,selectorsHub 就会自动为我们生成 xpath 表达式,并展示在界面上。也可以手动修改 xpath 表达式来进行精细的定位,然后使用 selectorsHub 提供的验证功能来检查 xpath 表达式是否正确,如图 5-9 所示。

● 图 5-9　selectorsHub 的演示

▶▶ 5.2.4　selenium 的元素定位

在了解网页结构与 xpath 之后，我们可以比较容易地了解 selenium 元素定位。元素定位是指在网页设计中，通过 CSS 将不同的 HTML 元素放置在页面的特定位置。selenium 更新至版本 4 后，对元素定位的操作发生了些许变化，但许多网络教程并未及时更新，因此下面对其进行简单的描述(注意：有的版本报错但可以使用)。

相较于之前的定位方法，其最大的变化便是函数的使用，新版的函数为：

```
from selenium.webdriver.common.by import By
find_element(By.'方式','内容')
```

selenium 提供了多种元素定位方法，以帮助我们在 Web 浏览器中准确地定位到我们需要的元素。常用的方法包括以下几种。

- id 定位：使用元素的 id 属性来定位元素。
- name 定位：使用元素的 name 属性来定位元素。
- xpath 定位：使用 xpath 表达式来定位元素。
- CSS 定位：使用 CSS 选择器来定位元素。
- tag_name 定位：使用元素的标签名来定位元素。
- partial_link_text 定位：使用链接文本的一部分来定位元素。

- link_text 定位：使用链接文本的全部文本来定位元素。

这些方法都有各自的特点和用途，可以根据实际需求选择合适的方法来定位元素。使用元素定位方法可以帮助我们自动化 Web 应用程序测试，提高测试效率和准确性。接下来具体了解一下各种定位的使用方法。

1. id 定位与 name 定位

在 selenium 中，我们可以使用 id 或 name 属性来定位 Web 元素。但是，id 和 name 属性有可能出现重复的情况，这样就无法准确地定位到我们需要的元素。此外，有些网站的开发人员可能不使用 id 属性，此时无法使用 id 属性来定位元素。

代码：

```
# id 定位
button = browser.find_element(By.ID, 'form').text
print(button)
# name 定位
button = browser.find_element(By.NAME, 'f')
```

2. xpath 定位

作为一个强大的定位方法，xpath 可以通过文档层次结构和元素属性等特性来准确地定位元素。除此之外，xpath 还可以通过各种逻辑运算符和函数来对元素进行筛选和过滤，从而满足各种定位需求。但值得注意的是，对于大型文档或较深层次的节点，xpath 性能可能会受到影响，并且不能处理非 XML 格式的数据。

在 selenium 中，我们可以使用绝对路径或相对路径来编写 xpath 表达式。相对路径相对于当前元素，它可以更加精确地定位元素，而绝对路径则可以直接指定元素的位置，非常直观。经过前面的学习，我们已经知道如何运用 xpath 进行定位。

代码：

```
botton = browser.find_element(By.XPATH,'//*[@class="fmhas-soutu"]')
print(botton)
```

3. link_text 定位与 partial_link_text 定位

在使用 selenium 进行 Web 元素定位时，通常会使用 link_text 和 partial_link_text 方法来定位链接文本。link_text 方法需要完整的链接文本来定位元素，而 partial_link_text 方法则可以仅使用一部分文本进行定位。这两种方法在实际应用中非常有用，可以帮助我们快速定位到我们需要的元素。

需要注意的是，刷新页面后替换了链接文本的情况，无法使用这两种方法进行准确的定位。因为在刷新后，链接文本将会被替换，变得不可预测。

代码解释：

```
button = browser.find_element(By.LINK_TEXT,'图片')
print(button)
```

4. BS4/CSS 定位（推荐）

BeautifulSoup4（简称 BS4）是一个可用于解析 HTML/XML 文档的 Python 库。与 xpath 和 CSS 选择器等其他元素定位方法相比，BS4 定位方法更加灵活和简洁，并且可以轻松解析出 Web 页面中的数据。

使用 BS4 进行定位的主要流程如下：

首先，将 HTML 源代码加载到 BS4 对象中。

然后，使用 BS4 提供的一系列 API 来筛选和过滤我们需要的元素，例如 find_all()方法、select()方法等等。

最后，对筛选出来的元素进行属性读取或者属性修改等相关操作。

相较于 XPath 和其他元素定位方法，BS4 定位方法的确可以更好地处理复杂场景的多个元素定位需求，并且代码相对更加简单易懂。

获取相关信息的方法：右键→复制→复制 selector（见图 5-10）。

• 图 5-10　获取定位

代码：

```
button = browser.find_element(By.CSS_SELECTOR,'#form')
print(button)
```

▶▶ 5.2.5 使用 selenium 进行交互

了解元素定位后，我们便可以通过操作浏览器来进行一些操作，比如：使用浏览器进行搜索，并实现上下翻页。

随便打开一个页面，如"百度一下"，找到输入框，然后，我们使用 find_element() 函数定位搜索框，并使用 send_keys() 函数输入关键词。接着，使用 Keys.RETURN 模拟按下回车键，从而触发搜索操作。

等待页面加载完成后，使用 find_element_by_xpath() 函数定位下一页按钮，并使用 click() 函数模拟点击操作。然后，再次等待页面加载完成，使用 time() 函数停顿几秒，等其自动退出。selenium 更新版本 4 后，不需要 driver.quit() 函数关闭浏览器，而是会在代码运行完成后自动退出。

代码：

```
import time
from selenium import webdriver
from selenium.webdriver.chrome.service import Service
from selenium.webdriver.common.by import By
path=Service('C:/Users/AppData/Local/MyChrome/Chrome/Application/
    chromedriver.exe')
browser = webdriver.Chrome(service=path)
url = 'https://www.baidu.com/'
browser.get(url)
#获取文本框的对象(此处运用 id 定位)
input = browser.find_element(By.ID, 'kw')
#在文本框中输入 input.send_keys('景元')
time.sleep(2) # 获取"百度一下"的按钮
button = browser.find_element(By.ID,'su')
#点击按钮
button.click()
time.sleep(2)
# selenium 操作下拉滚动条方法
#js 脚本直接拖动,不适用滚动条没有 id 的网页
#document.documentElement.scrollTop=10000(滚动到最下面)
#document.documentElement.scrollTop=0(滚动到最上面)
js_bottom = 'document.documentElement.scrollTop=10000'
```

```
browser.execute_script(js_bottom)
time.sleep(2)
```

▶▶ 5.2.6　使用 selenium 进行模拟登录

了解完网页的基本结构和 xpath 定位方法，就可以通过操作浏览器来进行登录操作了。

打开一个网站的登录界面（见图 5-11），这里要求输入登录账号和密码，这时就可以利用 xpath 快速定位到登录账号的输入框标签和密码的输入框标签。然后将自己的账号和密码输入，之后就可以获取登录的标签，模拟点击就能够实现登录了。

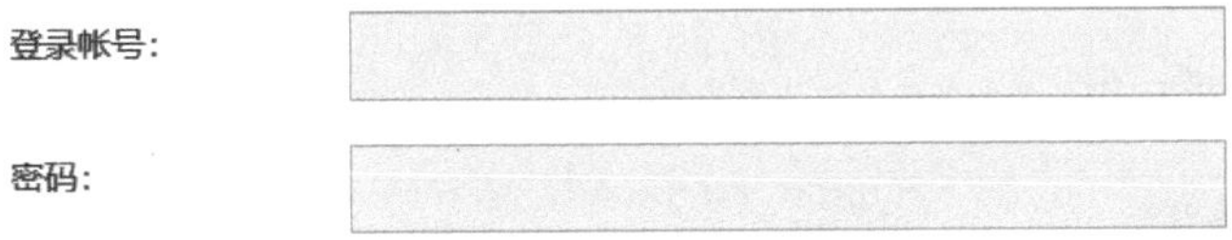

登录帐号：

密码：

● 图 5-11　登录界面

代码：

```python
from selenium.webdriver.chrome.service import Service
from selenium.webdriver.common.by import By
from selenium
import webdriver
import requests
import time
#测试网站
url = '模拟登录测试网址'
#请求头 headers
headers = {
    'User-Agent':'Mozilla/5.0(WindowsNT10.0;Win64;x64)
    AppleWebKit/537.36(KHTML,likeGecko)Chrome/97.0.46
    92.99Safari/537.36Edg/97.0.1072.69'
    }
#浏览器驱动地址
s = Service(r'D:\Dirver\chromedriver_win32\chromedriver.exe')
#控制浏览器访问测试网站
driver = webdriver.Chrome(service=s)
driver.get(url)
#登录账号输入框标签获取 xpath 路径//*[@id="username"]
name = driver.find_element(By.XPATH,'//*[@id="username"]')
name.click()
```

```
#进入输入框 name.send_keys("Python")
#输入登录账号
#密码输入框标签获取 xpath 路径//*[@id="password"]
pwd = driver.find_element(By.XPATH,'//*[@id="password"]')
pwd.click()
pwd.send_keys("123456")
#登录按钮标签获取 xpath 路径
//*[@id="main"]/div[1]/form/fieldset/div/input[2]
d= driver.find_element(By.XPATH,'//*[@id="main"]/div[1]/form/
fieldset/div/input[2]')
d.click()
time.sleep(60)
```

模拟登录结果见图 5-12。

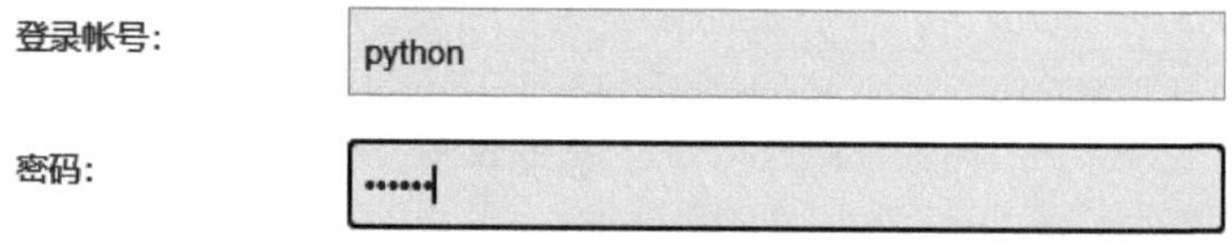

登录帐号: python

密码: ••••••

● 图 5-12   selenium 模拟登录

注意

　　在进行登录时，可能不止要求我们输入账号和密码，还要求我们输入验证码。由于验证码是随机生成的，所以我们不能提前将固定内容输入到验证码输入框中。这种情况下，需要使用图片识别功能，分析图片的内容，再输入进行登录。但是，不同网站的验证方式不同，遇到时，需要根据实际情况进行处理。

　　在第 4 章中，我们实现了破解验证码，基于 post 请求封装登录信息实现了模拟登录，并且访问了登录之后才能访问的网页。而在本次案例中，我们将基于 selenium 实现动态模拟登录。

5.3　案例——selenium+验证码模拟登录

　　在上一章中，我们学习了如何识别验证码，以及在破解验证码的基础上，进一步实现网站的模拟登录。而在这个案例中，我们将结合 selenium 技术和验证码识别技术，实现动态模拟登录。

▶▶ 5.3.1　原理分析

　　在本案例中，我们使用 selenium 技术来进行模拟登录。我们通过自动化测试工具来打开网站，然后根据元素定位来输入关键信息，即账号、密码、验证码，而获取验证码又是一个关键点，我们需要先获取验证码图片，才能对验证码进行识别、破解。

▶▶ 5.3.2　获取验证码图片

要怎么获取验证码图片呢？

读者首先想到的可能会是截图，对当前网页截图，然后通过裁剪，获取有验证码的部分，这样就得到了验证码图片了，然而这样做太过复杂。selenium 中提供了一个更加简便的 screenshot 截图方法，它可以对当前元素进行截图，这样截下来的图片就只有验证码的内容了，不再需要前面提到的裁剪操作了。

```
#通过 xpath 定位到验证码所在位置
img = web.find_element_by_xpath('//*[@id="imgCode"]')
#使用 screenshot 方法对当前元素进行截图
data = img.screenshot("./01.jpg")
```

▶▶ 5.3.3　实现 selenium+验证码模拟登录

理解了原理和关键点之后，实际操作就简单多了。

第一步：使用 selenium 工具打开测试网站，并使窗口最大化。

代码：

```
url = 'https://模拟登录测试网址/login.aspx'
web. get(url)
web. maximize_ window()
```

结果：成功打开网站，如图 5-13 所示。

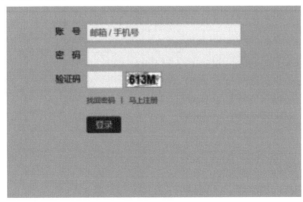

● 图 5-13　登录界面

第二步：定位账号、密码、验证码输入框，输入登录信息。由于验证码内容现在未知，所以先空着，等后续获取验证码之后再输入。

代码：

```
time.sleep(1)
e = web.find_element_by_xpath('//*[@id="email"]')
e.send_keys("********@qq.com")
time.sleep(1)
p = web.find_element_by_xpath('//*[@id="pwd"]')
p.send_keys("123456")
time.sleep(1)
c = web.find_element_by_xpath('//*[@id="code"]')
```

结果：成功输入账号和密码，如图 5-14 所示。

● 图 5-14　输入账号和密码

第三步：获取验证码，定位到验证码内容，然后使用 screenshot 方法截图，并保存在本地。之后使用超级鹰平台识别该验证码内容，然后进行输入。

代码：

```
img = web.find_element_by_xpath('//*[@id="imgCode"]')
data = img.screenshot("./01.jpg")
im = open('./01.jpg', 'rb').read()
code = chaojiying.PostPic(im,1902)['pic_str']
print(code)
time.sleep(1)
c.send_keys(code)
```

结果：成功获取并识别验证码，然后填写验证码，如图 5-15 所示。

第四步：单击登录实现模拟登录。

代码:

```
time.sleep(1)
deng = web.find_element_by_xpath('//*[@id="denglu"]')
deng.click()
```

● 图 5-15　填写验证码

结果: 进入登录后的页面, 如图 5-16 所示。

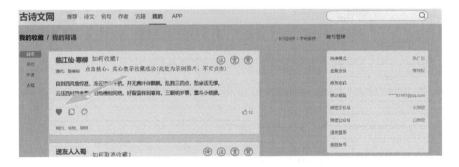

● 图 5-16　进入登录后的页面

▶▶ 5.3.4　核心代码

下面这段提供的代码是一个 Python 脚本, 旨在使用超级鹰平台解决网站上验证码所带来的挑战, 以实现自动登录网站。

```
import requests
from hashlib import md5
from selenium import webdriver
import time
```

```python
class Chaojiying_Client(object):
    def __init__(self, username, password, soft_id):
        self.username = username
        password = password.encode('utf8')
        self.password = md5(password).hexdigest()
        self.soft_id = soft_id
        self.base_params = {
            'user': self.username,
            'pass2': self.password,
            'softid': self.soft_id,
        }
        self.headers = {
            'Connection': 'Keep-Alive',
            'User-Agent': 'Mozilla/4.0 (compatible; MSIE 8.0Windows NT 5.1; Trident/4.
0)',
        }

    def PostPic(self, im, codetype):
        params = {'codetype': codetype,}
        params.update(self.base_params)
        files = {'userfile': ('ccc.jpg', im)}
        r = requests.post('http://upload.chaojiying.net/Upload/Processing.php',
        data=params, files=files, headers=self.headers)
        return r.json()

    def PostPic_base64(self, base64_str, codetype):
        params = {
            'codetype': codetype, 'file_base64':base64_str
        }
        params.update(self.base_params)
        r = requests.post('http://upload.chaojiying.net/Upload/Process
ing.php', data=params, headers=self.headers)
        return r.json()

    def ReportError(self, im_id):
        params = {'id': im_id,            }
        params.update(self.base_params)
        r = requests.post('http://upload.chaojiying.net/Upload/ReportE
rror.php', data=params, headers=self.headers)
        return r.json()

if __name__ == '__main__':
    chaojiying = Chaojiying_Client('账户', '密码', '933685')
    web = webdriver.Chrome("D:\Python\chromedriver.exe")
    url = 'https://模拟登录测试网址/login.aspx'
    web.get(url)
    web.maximize_window()
```

```
time.sleep(1)
e = web.find_element_by_xpath('//*[@id="email"]')
e.send_keys("登录邮箱")
time.sleep(1)
p = web.find_element_by_xpath('//*[@id="pwd"]')
p.send_keys("登录密码")
time.sleep(1)
c = web.find_element_by_xpath('//*[@id="code"]')
img = web.find_element_by_xpath('//*[@id="imgCode"]')
data = img.screenshot("./01.jpg")
im = open('./01.jpg', 'rb').read()
code = chaojiying.PostPic(im,1902)['pic_str']
print(code)
time.sleep(1)
c.send_keys(code)
time.sleep(1)
deng = web.find_element_by_xpath('//*[@id="denglu"]')
deng.click()
```

5.4 本章小结

遇到需要我们先进行登录才能获取到数据的网站，我们一般使用模拟登录的方式来进行处理。一般有两种方法：请求时进行登录，selenium 工具进行登录。

请求方式有 get 和 post 两种，使用 get 请求方式进行模拟登录时，需要在请求头 headers 中添加 cookie 信息。使用 post 请求方式模拟登录时，需要提交登录所需要的表单信息。而使用 selenium 自动化测试工具，我们只需要进入登录界面，分别获取登录账号和密码输入框，自动将信息输入到输入框中，就能够自动登录网站了。

除了模拟登录的基本内容，本章还简单介绍了网站的基本结构、selenium 的元素定位与交互以及 XPath 方法。

第6章

搭建 IP 代理池爬虫

本章思维导图

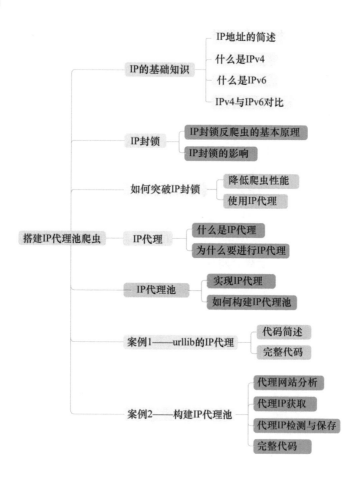

本章知识点：

- IP 地址标识网络中的每一台计算机。
- IP 代理可以改变爬虫程序中的 IP 地址。
- 使用 IP 地址可以避免 IP 地址被封问题。
- 设置休眠时间也可以避免 IP 被封问题，但爬虫效率会降低。
- IP 地址几个是不够用的，需要的是一个 IP 代理池。
- IP 代理池是一个爬虫程序的基础。

普通人可能不太了解 IP 地址是什么东西，但我们作为计算机技术的学习者，肯定对 IP 地址有一定的了解，知道 IP 地址是用来标识网络中的每一台计算机的。

在学习计算机网络基础课程时，我们曾经了解过 IP，知道在网络中进行数据传输时，在其中的某一个阶段会将发送的数据封装为一个 IP 数据包，这个 IP 数据包会根据目的计算机的 IP 地址被层层转发，最终到达目的地址。所以，若是没有 IP 地址，数据也就无法准确到达目的地。

而我们写的爬虫程序在网络上爬取数据，也**避免不了要将 IP 地址告诉对方（服务器）**，这样我们访问的数据才能通过网络传送到我们自己的计算机上。但与此同时，我们的一些行为也会被服务器获取。例如：我们最近一段时间访问网站的次数、在该网站上停留的时间等。服务器**根据这些 IP 地址的行为信息，就能够判断访问网站的 IP 地址是否是一个爬虫**。若是，就会将这个 IP 地址进行封锁。IP 地址被封锁之后，我们的爬虫在下次进入时，就会直接被排除在外。即使不是使用爬虫访问该网站，而是我们自己使用浏览器正常进行访问，我们依旧会被排除在外。这是因为这种技术针对的是 IP 地址，我们正常访问网站时也是要使用 IP 地址的，服务器根据地址来响应数据，所以计算机的 IP 被封锁之后正常的访问也会受到影响。

因此，在遇到使用封锁 IP 的技术进行反爬虫的网站时，我们需要学习一种新的技术来突破对方的反爬虫技术，避免自己计算机的 IP 地址被封锁。

6.1 IP 的基础知识

要想破解 IP 封锁技术，首先需要了解什么是 IP。IP 在网络世界中，扮演着至关重要的角色。它是一种网络协议，负责为连接到互联网的每个设备分配一个独特的标识号，被称为 IP

地址。为了更好地理解 IP 地址的作用和不同类型的 IP，我们还需要深入了解 IP 的一些基础知识。

6.1.1 IP 地址的简述

IP 地址（Internet Protocol Address）是一个分配给连接到计算机网络使用互联网协议进行通信的设备的数字标签。它作为网络上每个设备的唯一标识，起到了在数据传输过程中识别发送和接收方的关键作用。IP 地址可以是静态的，也就是永久分配给一个网络设备的地址，或者是动态的，意味着它可能会随着时间在不同的设备之间变化。动态 IP 地址通常由动态主机配置协议（DHCP）服务器自动分配。在网络通信过程中，IP 地址允许数据找到正确的路径以到达特定的目的地。除了用于普通的数据传输，IP 地址还允许设备进行远程通信，如通过互联网进行远程桌面访问。在安全性方面，IP 地址可以用来识别网络中的恶意设备，实现网络监控和数据日志记录。然而，IP 地址也可能引起隐私问题，因为它们可以被用来追踪用户的地理位置和网络活动。为了解决这一问题，经常会使用各种匿名技术，如 VPN 和代理服务器，它们可以隐藏用户的实际 IP 地址。随着物联网（IoT）技术的发展，IP 地址变得越来越重要，因为越来越多的设备需要联网以提供各种智能功能。因此，有效地管理和分配 IP 地址是维持互联网正常运行的关键组成部分。此外，IP 地址也不是随意编写的，它也有一定的标准，通常分为 IPv4 和 IPv6 两个版本的地址，接下来我们将对这两个协议进行介绍。

6.1.2 什么是 IPv4？

IPv4 是互联网通信协议的第四个版本，它是一种无连接的协议，主要在使用分组交换的链路层（如以太网）上运行。IPv4 协议会尽最大努力交付数据包，但无法保证所有数据包都能到达目的地，也无法保证数据包的顺序和完整性（这些方面是由传输协议负责处理的）。

IPv4 使用 32 位（4 字节）的地址空间，因此最多可以有 2^{32} 个地址。然而，由于地址空间的有限性，到 2011 年已经完全用尽了。这就导致了 IPv4 地址短缺的问题。为了解决这个问题，引入了 IPv6 协议，它使用 128 位的地址空间，大大增加了可用的地址数量。

6.1.3 什么是 IPv6？

IPv6 是互联网通信协议的第六个版本。IPv6 产生的主要原因是为了解决 IPv4 中地址空间有限的问题。相比 IPv4 的 32 位地址长度，IPv6 采用 128 位地址长度，大大扩展了可用的地址数量。

IPv6 不仅提供了更大的地址空间，还具有许多其他优点：

1）使用更小的路由表，使得路由器转发数据包的速度更快。

2）增加了增强的组播支持以及对流的控制，对多媒体应用及其服务质量控制相当有利。

3）具有更好的安全性、扩容能力以及头部格式。

值得一提的是，IPv4 与 IPv6 格式完全不相同，需要用转换器进行转换，导致 IPv6 在短时间内无法取代 IPv4。

▶▶ 6.1.4　IPv4 与 IPv6 的对比

IPv4 与 IPv6 的对比见表 6-1。

表 6-1　IPv4 与 IPv6 的对比

	IPv4	IPv6
地址长度	32 位（点分十进数表示）	128 位（以冒号为分隔符的十六进制表示）
地址数量	2^{32} 个	2^{128} 个
安全性	取决于网站和应用程序	运用安全标准 IPSAC，强制执行网络安全
性能	一般	更好

在回顾了 IP 地址的基础知识以及 IPv4 和 IPv6 后，我们已经清楚了 IP 的作用和类型。接下来我们将回到本章主要内容，介绍 IP 封锁。

6.2　IP 封锁

在数字时代，信息自由流动成了社会发展的重要推动力。然而，随之而来的是网络监管和数据控制的挑战，其中最具争议性的手段之一便是 IP 封锁。这种措施在全球范围内被广泛采用，旨在出于安全、法律或道德等多种原因限制特定信息的传播。

▶▶ 6.2.1　IP 封锁反爬虫的基本原理

IP 封锁，即互联网协议地址封锁，是网络管理的一种技术手段。其核心原理是通过识别和限制特定的 IP 地址来阻止用户访问或使用网络资源。IP 地址是互联网上每个设备的唯一标识，通过这个地址，网络服务提供商可以追踪到特定用户的网络活动。当一个 IP 地址被封锁后，使用该地址的设备将无法访问被封锁的网站或服务。

IP 封锁的实施通常由政府机构、互联网服务提供商或大型网络平台执行。他们可能出于以下原因进行封锁：遵守当地法律法规、保护版权、防止非法内容传播、维护网络安全。此外 IP 封锁对于反爬虫也是一种极其有效的手段。

首先，网站通过分析访问模式来识别爬虫。通常，人类用户在浏览网站时，访问页面的速度相对较慢，点击间隔不规律，且会在页面间随机浏览。相比之下，爬虫在访问网站时，往往会表现出高频率的页面请求，并且这些请求通常有规律，例如每隔几秒请求一次页面。此外，爬虫可能会连续访问多个页面，而不似正常的浏览习惯。当网站检测到这种不寻常的访问模式时，会对来源 IP 地址进行跟踪。如果某个 IP 地址在短时间内生成大量请求，或者连续访问网站上的多个页面，网站可能会怀疑这是爬虫的行为。此时，网站管理员可以采取多种措施，最直接的就是对该 IP 地址实施封锁。这意味着来自该 IP 地址的所有请求都将被网站拒绝，或者被重定向到错误页面。

除了简单的访问频率监控，一些高级的反爬虫系统还可能分析请求的头部信息，如用户代理（User-Agent）。用户代理信息通常会透露出请求是由哪种浏览器或设备发出的，而爬虫在这方面可能表现出异常（例如，总是使用相同的用户代理，或使用非标准的用户代理）。此外，如果网站发现某个 IP 地址始终没有遵循 robots.txt 文件的规定（这是一个指示爬虫哪些页面可以抓取的标准文件），那么它也可能判定该流量来自爬虫。

总体来说，IP 封锁是网站管理员用来保护网站内容免受自动化抓取的一种方式。通过监控网络流量的模式和特征，网站可以识别出可能的爬虫行为并采取措施限制或阻止这些行为。

▶▶ 6.2.2　IP 封锁的影响

IP 封锁的影响是深远和多方面的。首先，它影响了普通用户的网络访问自由，特定的内容和服务由于某些原因而无法获得，这限制了信息的自由流通。此外，IP 封锁还可能对经济活动产生影响，特别是那些依赖网络的企业和服务，如电子商务和在线服务。

对于科学研究和学术交流来说，IP 封锁可能阻碍知识的分享和传播，限制学术自由。

特别地，对于爬虫程序来说，IP 封锁带来了严重的挑战。爬虫程序是自动化的网络爬行工具，用于从网站收集数据。当爬虫的 IP 地址被封锁时，它们将无法访问目标网站，从而影响数据的收集和处理。这对于搜索引擎优化、市场分析和网络研究等领域产生了重要影响。为了应对这种情况，爬虫开发者不得不采用更加复杂的技术。

6.3　如何突破 IP 封锁

关于 IP 被网站封锁，无法再次访问网站的问题，我们有两种方法可以应对。第一种是以降低爬虫性能的方式进行避免，第二种则是选择使用 IP 代理。接下来我们将介绍这两种方法。

▶▶ 6.3.1　降低爬虫性能——设置休眠时间

通过了解 IP 封锁我们知道，封锁 IP 的依据是 IP 在网站的活动情况。若是 IP 的访问速度太快，在网页还没加载完成的情况下就马上访问网页中的数据，就可以将这个访问请求判断成一个爬虫程序，从而封锁对应的 IP 地址。或是 IP 地址的访问频率太高，超出了人们反应的极限或是点击速度的极限，也可以判断为爬虫程序，从而进行封锁。

所以，为了避免我们的 IP 地址被封锁，可以适当降低爬虫的执行效率，通过设置一段休眠时间来改变爬虫的执行速度，从而改变爬虫在网站的访问频率和速度，让服务器以为请求就是正常人发出的，不是爬虫程序，避免爬虫身份被识别出来。

▶▶ 6.3.2　使用 IP 代理

避免 IP 被封锁的另一种方法就是设置 IP 代理。使用 IP 代理之后，每次访问网站我们都使用一个不同的 IP 地址。这样在网站看来就是不同的用户在访问网站，这样我们既能够成功获取网站数据，同时 IP 地址也不会被封锁，爬虫程序的性能也不会受到太大的影响，这也是我们最为推荐的一种方式。下面将详细介绍 IP 代理。

6.4　IP 代理

IP 代理是一项重要的网络技术，它在互联网世界中扮演着关键角色。通过 IP 代理，用户可以隐藏自身真实 IP 地址，同时获取一个代理服务器的 IP 地址，实现网络匿名和访问限制网站的目的。现在，让我们深入了解什么是 IP 代理，以及为什么人们需要进行 IP 代理。

▶▶ 6.4.1　什么是 IP 代理？

IP 代理说的其实是代理服务器，**代理服务器在网络中起中转站的作用**。若是我们向一个网站请求数据，必然需要让该网站服务器知道**本机的 IP 地址**，这样服务器才会知道数据需要发往何处，这就是没有使用 IP 代理服务的情况。而若是使用 IP 代理，我们会把请求包发送到代理服务器，由代理服务器帮助我们向网站请求数据。服务器响应时，会将数据包发送到代理服务器上，代理服务器再将数据包发送到我们的主机上，这样网站服务器就不知道是我们进行访问的了。这里可以**将 IP 代理理解为生活中常见的代购服务**，我们不是直接购买外国的商品，而是由代购人员购买外国商品，我们再从代购人员处购买。

总的来说，使用 IP 代理就能够在网络上隐藏你自己真实的 IP 地址，访问的数据都是由代理服务器代为访问，然后返回到自己的主机上。

▶▶ 6.4.2 为什么要进行 IP 代理？

知道了什么是 IP 代理，我们来聊一下 IP 代理究竟有什么作用。

首先就是**保护隐私**，因为使用 IP 代理之后，我们自己真实的 IP 地址就隐藏起来了。访问的网站的服务器也不会知道请求者真实的 IP，只会认为该请求是由代理 IP 发出的。

其次就是**防止 IP 被封**，回到本章的内容，我们知道有些网站是通过封锁 IP 来限制爬虫的。当我们的爬虫程序被网站识别之后，网站就直接将我们的 IP 地址拉入黑名单，使用该 IP 地址的请求都会被该网站拒绝，无法再获取数据。但有了 IP 代理之后，就有解决方法了。既然我的 IP 地址被封锁了，那我直接换一个不就行了吗？所以我们可以使用 IP 代理，让代理服务器代替我们去网站请求数据，我们再从代理服务器获取数据，这样就间接对网站进行了访问。

所以，IP 代理是一门十分有用的技术，尤其是对想要学好爬虫的读者来说，更是需要重点掌握的技术，不然我们的 IP 被封之后，连最基本的网站访问都做不了，更别提获取网站数据了。

但是也应该知道，一个 IP 地址是不够的，两个 IP 地址也是不够的，我们需要的是大量的 IP 地址。一是爬虫本身就需要大量的 IP 地址来支撑任务执行直到完成，服务器能够封一个 IP 地址，就能够封锁第二个 IP 地址；二是我们使用的 IP 地址中，有的 IP 地址可能已经被封，无法使用了，所以我们使用 IP 代理**需要的是一个 IP 代理池，而不是某一个 IP 地址。**

6.5 IP 代理池

IP 代理池是一种用于集中管理大量 IP 代理的技术，它能够有效地维护、更新和分配 IP 代理，为各种网络需求提供稳定可靠的代理服务。接下来，我们将深入探讨 IP 代理的实现方式以及构建 IP 代理池的方法。

▶▶ 6.5.1 实现 IP 代理

在这一节中，我们将学会如何设置 IP 代理，使得我们的爬虫以不同的 IP 地址访问网站。

这里我们使用网站 http://httpbin.org/ip，来检测我们访问网站时是使用哪一个 IP 地址，并对使用的 IP 地址是否可用做出判断。

无 **IP 代理情况**：

代码：

```python
import requests
response = requests.get("http://httpbin.org/ip")
print(response.text)
```

返回结果：

```
{
    "origin": "182.151.209.132"
}
```

这里返回的结果就是**自己计算机使用的 IP 地址**。

使用 **IP 代理情况**：

要使用 IP 代理，需要先找到可用的 IP 代理。可以在某代理网站快代理（https://www.kuaidaili.com/free/）上寻找可用的 IP 地址，如图 6-1 所示。

免费代理   购买更多代理>>

国内高匿代理 国内普通代理

免费代理由第三方服务器提供，IP不确定性较大，总体质量不高。如需购买基于自营服务器的高质量IP产品，请开通测试订单。 [开通测试]

IP	PORT	匿名度	类型	位置	响应速度	最后验证时间
202.55.5.209	8090	高匿名	HTTP	中国 香港 电信	0.3秒	2022-04-04 19:31:01
202.55.5.209	8090	高匿名	HTTP	中国 香港 电信	0.3秒	2022-04-04 18:31:01
115.218.0.218	9000	高匿名	HTTP	浙江省温州市 电信	0.4秒	2022-04-04 17:31:01
202.55.5.209	8090	高匿名	HTTP	中国 香港 电信	0.3秒	2022-04-04 16:31:01
202.55.5.209	8090	高匿名	HTTP	中国 香港 电信	0.3秒	2022-04-04 15:31:01
120.220.220.95	8085	高匿名	HTTP	中国 山东 移动	0.5秒	2022-04-04 14:31:01
106.54.128.253	999	高匿名	HTTP	中国	1秒	2022-04-04 13:31:01
202.55.5.209	8090	高匿名	HTTP	中国 香港 电信	0.3秒	2022-04-04 12:31:01
220.168.52.245	53548	高匿名	HTTP	中国 湖南 长沙 电信	1秒	2022-04-04 11:31:01
222.66.202.6	80	高匿名	HTTP	中国 上海 电信	0.3秒	2022-04-04 10:31:02
115.75.5.17	38351	高匿名	HTTP	越南 胡志明市	0.7秒	2022-04-04 09:31:01
115.75.5.17	38351	高匿名	HTTP	越南 胡志明市	0.7秒	2022-04-04 08:31:01
106.15.197.250	8001	高匿名	HTTP	中国 上海 联通	1秒	2022-04-04 07:31:01

● 图 6-1　代理网站

我们用 **proxy** 来存储要使用的 **IP 地址**。注意，我们**需要的不仅是 IP 地址**，还有与该 IP 地址对应的端口号，它们中间以符号：分隔开，形成 "**IP：端口号**" 的形式，这才是一个完整的 **IP 代理**。

```
proxy = '120.220.220.95:8085'
```

代码：

```python
import requests
proxy = '120.220.220.95:8085'
proxies = {'http':'http://'+proxy, 'https':'https://'+proxy, }
response = requests.get("http://httpbin.org/ip",proxies=proxies)
print(response.text)
```

注意：使用 proxy 时需要在其前面加上使用的协议。

运行结果：

```
{
    "origin": "120.220.220.95"
}
```

这次返回的结果就是**爬虫使用的代理 IP 地址**。

从两次的运行结果可以看出，通过使用代理，可以更改爬虫使用的 IP 地址，隐藏自己计算机的 IP 地址。这也意味着，我们可以不通过降低爬虫效率的方法来避免 IP 封锁，而是使用多 IP 地址，通过更换 IP 地址的方法来避免 IP 被封锁，从而实现爬虫爬取数据，而不需要考虑 IP 被封问题。

优化代码：

```python
import requests
proxy = '120.220.220.95:8085'
proxies = {'http':'http://'+proxy, 'https':'https://'+proxy, }
try:
    response = requests.get("http://httpbin.org/ip",proxies=proxies)
    print(response.text)
except Exception as e:
    print(e)
    print(proxy,end="不可用")
```

优化之后的代码可以避免由于 IP 地址不可用而报错的问题，也可以得知哪一个 IP 地址不可使用，应该淘汰。

▶▶ 6.5.2 如何构建 IP 代理池

在上面一节我们就提过，一个代理 IP 是不够用的，两个代理 IP 也是不够用的，我们需要的是大量的 IP 地址，这样才能支撑爬虫任务顺利完成。其原因我们也提过，IP 地址不稳定，一个 IP 地址上一秒可用，但下一秒可能就无法使用了。所以我们需要的是一个 IP 代理池，一个池的

IP 地址，总有一个是可以使用的。

因此下一个问题就是如何搭建 IP 代理池了，这里有免费和付费两种方法。

首先是自己构建免费的 IP 代理池，若只是偶尔做一些小项目，需要的 IP 地址数目不大的话，我们完全可以自己搭建一个免费的 IP 代理池。我们可以事先找一些 IP 代理网站，当需要使用 IP 代理时，就查看该网站中的免费 IP 地址，将其记录下来，形成一个列表，供自己使用。

如下就是临时存储的三个代理 IP。

proxy = ['120.220.220.95：8085','120.220.220.95：8085','222.66.302.6：80']

而如果使用的 IP 地址数目较大，需要经常做项目，但还是不想使用付费的 IP 代理池，就可以自己写一个爬虫程序，爬取网站上可以使用的免费 IP 地址，并将爬取到的代理 IP 保存到数据库(或是其他存储方式)中，并实时更新，剔除过期的 IP 地址，加入最新可用的 IP 地址，如此，就可在需要使用代理 IP 时从数据库中调出所有的 IP 地址来使用。

若是想要更好的 IP 代理服务，那就可以直接选择付费的 IP 代理。付费 IP 服务肯定比免费的 IP 服务优秀得多，付费的 IP 地址更加稳定，数量也更加丰富，并且商家也会对其中的 IP 地址进行实时更新，让你随时使用最新的可用 IP 地址。这样也就不需要自己在网站上花时间寻找 IP 地址了，也不需要自己时常维护和更新自己创建的 IP 代理池了。

6.6 案例 1——urllib 的 IP 代理

我们需要在 Python 中使用 IP 代理操作时，可以使用 urllib 进行实现。通过配置代理服务器的信息，可以轻松地发送请求并在网络上匿名访问各种网站。接下来介绍如何使用 urllib 和代理服务器来实现 IP 代理操作。

▶▶ 6.6.1 代码简述

第一步：与请求对象相同，在一系列操作后得到缝合产物 request。

第二步：将代理 IP 以字典的形式存入列表中(代理池相当于存入多个 IP)。

```
proxies = {'http':'183.236.232.160:8080'}
import random
proxies_chi = [
    {'http':'183.236.232.160:8080'},
    {'http':'113.124.86.24:9999'}
]
proxies = random.choice(proxies_chi)
```

第三步：在模拟浏览器发送请求的同时，将代理 IP 添加到参数中，即可完成本次代理。

```
handler = urllib.request.ProxyHandler(proxies=proxies)
opener = urllib.request.build_opener(handler)
response = opener.open(request)
```

▶▶ 6.6.2　完整代码

```
import urllib.request
url = 'https://www.baidu.com/s? wd=ip'
headers = {
    'User-Agent':'Mozilla/5.0 (Windows NT 10.0; Win64; x64)
    AppleWebKit/537.36 (KHTML, like Gecko) Chrome/112.0.0.0
    Safari/537.36Edg/112.0.1722.58'
    }
request = urllib.request.Request(url=url, headers=headers)
proxies = {'http':'183.236.232.160:8080'}
handler = urllib.request.ProxyHandler(proxies=proxies)
opener = urllib.request.build_opener(handler)
response = opener.open(request)
content = response.read().decode('utf-8')
with open('daili.html', 'w', encoding='utf-8')as fp:
    fp.write(content)
```

6.7　案例 2——构建 IP 代理池

在这一节内容中，我们将深入研究代理网站，探讨代理 IP 获取方法，介绍代理 IP 的检测技巧，并讲解如何将有效的代理 IP 保存到 IP 代理池中。这些步骤将为构建高效的 IP 代理池打下基础，为破解封锁 IP 技术提供帮助。

▶▶ 6.7.1　代理网站分析

若是想要搭建一个 IP 代理池，我们需要先找到一个提供 IP 代理网站，这里以前面提到的快代理为例进行演示，如图 6-2 所示。

该网站提供了大量的免费代理 IP，于是我们可以将这些免费的代理 IP 爬取下来，将其中有用的代理 IP 保存在本地，以便自己使用。

通过对网页进行分析，我们可以轻松得到请求数据的 URL 的规律，如图 6-3 所示。其中的数字 1 表示当前是第一页的代理 IP，我们可以通过修改这个数字来修改访问的该网站页数，通过循环来爬取更多的代理 IP。

● 图 6-2　常用代理网站

🔒 kuaidaili.com/free/inha/1/

● 图 6-3　第一页代理地址

再阅读网页的源代码，可以发现，每一个代理 IP 都在一个 tr 标签中。得到这一信息，我们就可以选择合适的方法来提取网页中的数据了，例如选择 CSS 语法来提取数据，如图 6-4 所示。当然，其他获取数据的方法也是可以的。

```
▼<tbody>
  ▶<tr>…</tr>
  ▶<tr>…</tr>
  ▶<tr>…</tr>
  ▼<tr>
      <td data-title="IP">117.114.149.66</td> == $0
      <td data-title="PORT">55443</td>
      <td data-title="匿名度">高匿名</td>
      <td data-title="类型">HTTP</td>
      <td data-title="位置">北京市海淀区 BJENET宽带网络 BGP多线</td>
      <td data-title="响应速度">3秒</td>
      <td data-title="最后验证时间">2022-12-17 12:31:01</td>
  </tr>
```

● 图 6-4　CSS 代码

▶▶ 6.7.2　代理 IP 获取

分析完代理 IP 网站之后，我们就可以对该网站进行爬取了。

第一步：还是和之前一样，先对该网站发送请求。

```
url = "https://www.kuaidaili.com/free/inha/"+str(page)
headers = {
    "User-Agent": "Mozilla/5.0 (Windows NT 10.0; Win64;
    x64)AppleWebKit/537.36 (KHTML, like Gecko) Chrome/10
    8.0.0.0 Safari/537.36",
    }
response = requests.get(url=url,headers=headers)
```

第二步：对网站发送请求，获取到数据之后，我们就需要开始对数据开始进行提取了。这里我使用的是 CSS 语法进行提取。先通过 parsel.Selector 方法将获取的网页代码字符串转换为 Selector 选择器对象。这样我们就可以使用 CSS 语法来提取数据了。提取数据对应的 CSS 语句，我们可以在需要提取的元素处复制 selector 获得，如图 6-5 所示。

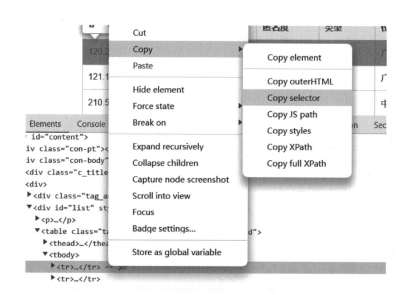

● 图 6-5　复制 selector

```
selector = parsel.Selector(response.text)
trs = selector.css("#list > table > tbody > tr")
```

```
for tr in trs:
    ip = tr.css("td:nth-child(1)::text").get()
    port = tr.css("td:nth-child(2)::text").get()
```

这里我们先进行第一次提取，trs = selector.css("#list > table > tbody > tr")。这样我们就获取了这一页下的所有代理 IP 所在的 tr 标签。

之后进行第二次提取，通过 ip = tr.css("td:nth-child(1)::text").get() 获取每一个代理 IP 的 IP 地址，通过 port = tr.css("td:nth-child(2)::text").get() 获取每一个代理 IP 地址的端口。

第三步：上述操作只完成了对一页代理 IP 的爬取，要爬取多页的代理 IP，我们加一个循环语句就可以了。

▶▶ 6.7.3 代理 IP 检测与保存

爬取了代理 IP 之后，我们的战斗还没有结束。由于这些都是免费的代理 IP，免费代理 IP 的缺点就是不稳定，随时都有可能用不了，所以，我们爬取下来的代理 IP 也可能是使用不了的，因此还需要验证爬取到的代理 IP。

```
proxies = {
    'http':'http://' + ip +':' + port, 'https':'https://' + ip +':' + port,
    }
print(proxies)
try:
    flag = requests.get(url="https://www.baidu.com/",
    proxies=proxies,timeout=5)
    print(flag)
    if flag.status_code == 200:
        print("代理可用 \n")
        proxies_list.append(proxies)
except:
    print("代理不可用 \n")
```

先将获取到的 IP 构建为代理 IP 形式，然后使用代理 IP 对百度网站进行访问。如果能够成功访问，说明 IP 可用，就可以将 IP 保存下来；反之则说明 IP 不可用，应该抛弃。这里我直接使用列表统计的可用 IP，大家可以使用文件或数据库来保存数据。

这样，我们就完成了代理 IP 的获取与检测，将能够使用的 IP 保存下来，我们就拥有一个自己的 IP 代理池了。

▶▶ 6.7.4　完整代码

以下就是用于从 https://www.kuaidaili.com/free/inha/ 网站上获取代理 IP 并检测这些代理 IP 可用性的完整代码。

```python
import parsel
import requests
proxies_list = []
for page in range(1,11):
    url = "https://www.kuaidaili.com/free/inha/"+str(page)
    headers = {
        "User-Agent": "Mozilla/5.0 (Windows NT 10.0; Win64;
        x64)AppleWebKit/537.36 (KHTML, like Gecko) Chrome/10
        8.0.0.0 Safari/537.36",
        }
    response = requests.get(url=url,headers=headers)
    selector = parsel.Selector(response.text)
    trs = selector.css("#list > table > tbody > tr")
    for tr in trs:
        ip = tr.css("td:nth-child(1)::text").get()
        port = tr.css("td:nth-child(2)::text").get()
        proxies = {
            'http':'http://' + ip +':'+ port,
            'https':'https://' + ip +':'+ port,
            }
        print(proxies)
        try:
            flag = requests.get(url="https://www.baidu.com/",
            proxies=proxies,timeout=5)
            print(flag)
            if flag.status_code == 200:
                print("代理可用 \n")
                proxies_list.append(proxies)
        except:
            print("代理不可用 \n")
print(proxies_list)
```

6.8 本章小结

为了防止 IP 地址被封，有了 IP 代理的方法。使用 IP 代理可以更改访问网站时使用的 IP 地址，通过多个 IP 地址来访问服务器，就能够避免访问频率太快导致 IP 地址被封的问题。因为这时服务器看到的是多个 IP 地址在访问数据，服务器认为是多个用户在访问数据。除了这个方法，还可以通过设置休眠时间来减缓爬虫访问的频率，但与此同时也降低了爬虫的执行效率。

为了更好地执行爬虫程序，我们需要大量稳定的 IP 地址，而不是几个 IP 地址，所以构建 IP 代理池也是爬虫人员的基本技能之一，因为拥有 IP 代理池是爬虫能够完整执行的基础。

第7章

▶▶▶▶▶▶

针对动态渲染页面的反爬

本章思维导图

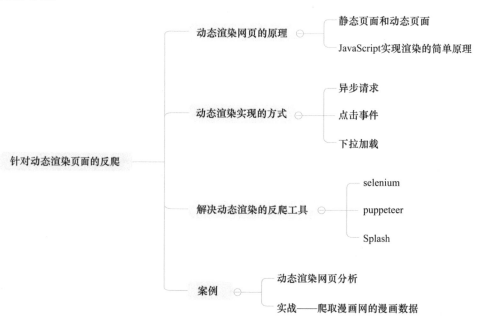

本章知识点:

- 静态网页的内容已经基本固定,难以改变,且该网页缺乏交互功能。
- 动态网页具有更加丰富的功能,不仅能为用户提供交互功能,还能动态加载数据,内容和功能更加丰富。

- 异步请求让我们能够同时做多件事情，不至于一直等待浏览器的加载。
- 点击事件让用户更加有网页交互体验，点击一下就执行相应的功能，让用户能够操作网页。
- 下拉加载能够感知用户的访问情况。当用户访问到该页面的底部时，就立即加载出更多的数据。

在这一章，我们将要学习动态渲染页面的内容。相比于以前的静态网页，现在的网页都应用了 JavaScript 技术，能够实现网页与人之间的交互，使得网页的作用不再只是供用户查看，还能与客户进行互动，完成登录、搜索页面刷新、内容刷新等操作。并且还能联合 AJAX 技术来动态加载网页中的数据，给客户更好的体验。而以前的**静态网页，功能单一，无法与客户进行交互，如同死水一般**；并且静态网页展示的内容也很单一，网页内容基本上已经固定，若要修改内容，就需要通篇修改源代码，重新规划网页布局，十分不便。

那么什么是 JavaScript 技术呢？JavaScript 是一种网页脚本语言，不需要预先进行编译。通过 JavaScript 的代码，我们能够丰富网页的功能。通过点击事件，当我们在网页中进行点击时，相应的点击事件就会发生，从而实现人与网页的交互功能，这样就让网页活了起来，不再是一潭死水。通过异步加载技术，让网页访问更加智能，让人从死等状态下脱离出来。而网页中的下拉加载技术也丰富了用户在网页中的体验感，让原本的翻页查看更多信息的方式，变为当用户滑动到网页底部时，自动加载刷新更多信息。这一技术在我们看漫画时体验更加丰富，不再需要每看一页漫画，就必须点击下一页来查看下一页漫画的内容。

对于这种动态渲染的页面，**寻常的爬虫技术很难从其中爬取到想要的数据**。所以在面对这种网页的爬虫需求时，常常需要使用一些工具来辅助我们对动态网页的爬取工作。常用的工具有 selenium、puppeteer 和 Splash 等，接下来我们将简述动态渲染的原理和方法，然后再使用工具去进行爬取。

7.1 动态渲染网页的原理

我们需要知道，以前的网页并不像现在这样优秀，每天都有极其丰富的内容呈现给我们。以前的网页内容都是固定的，每一次访问得到的内容一般都是不会变化的，更别说在页面中对某一方面的内容进行访问了。这种内容基本固定、没有任何渲染机制的网页，叫作静态页面。而现在这种多元的、信息随时发生变化的网页，叫作动态页面。下面就来详细看一下什么是静态页面，什么是动态页面，并且看看 JS 是如何对网页实现动态渲染的。

▶▶ 7.1.1　静态页面和动态页面

首先我们要介绍的是静态网页，静态网页实质是将 HTML 文件实实在在地保存在服务器中，当用户通过浏览器输入网页的 URL 链接进行访问时，浏览器会将 HTML 文件下载并加载到浏览器窗口中。

这种静态网页在发布时就已经保存在了服务器上，无论是否有用户访问，内容都保存在服务器之上。而且每一个网页都是一个独立的 HTML 文件，比较简单，而不像现在的网页，各种嵌套跳转，结构复杂。并且静态网页的内容一般都是已经固定了的，这是因为没有数据库来支持，无法通过数据库来动态地展示内容，所以一般写好了的静态网页之后也不再会发生变化。静态网页也没有较好的交互性，无法为用户提供交互功能，也无法为客户提供一些个性化的服务，没有太多的功能，基本上只有承载信息的作用。

即便静态页面有如此多的缺点，但由于它的结构简单，不需要经过现在的 CSS 文件和 JS 文件的修饰，所以**访问速度快，节省服务器资源**。并且由于没有数据库做支撑，也可以防止 SQL 注入来破坏网站。

了解完了静态网页，接下来，我们要介绍一下动态网页。动态页面就是相对静态页面而言的网络页面。当用户通过浏览器正常访问某个动态页面时，服务器不再是直接将已存在的 HTML 文件直接复制一份返回给用户，而是会根据当前的时间、用户请求的参数、当前数据库的信息等进行整合，然后动态地生成一个最新的页面返回给用户。这个页面一般包含的都是最新的数据，**可以根据用户的请求内容动态地生成数据**。

动态网页的数据都由数据库统一管理，可以说是网站的根基，所以网站的数据库都有很高的保密性和安全性，并设有专业人员对数据库进行保护和维护。还可以实现用户登录、与服务器交互等操作，为客户提供更优质的服务和内容。

但与此同时，动态页面为了提供这些服务，又会占用大量的网络资源，对网页进行渲染也要花费时间，所以访问速度较慢。

我们来看看**网站 https://www.cnblogs.com/w84422/p/15828537.html**，这个网站就可以看成是一个静态的网页，它的内容基本上已经固定了，不会再随着时间发生变化。**每一个人在不同时间进行访问得到的结果都是一样的**，不会说过几天通过这个网址访问得到的又是另外一篇文章了。并且由于文章内容较少，不需要经常变化，所以一般都不需要使用数据库存储数据，而是直接将数据放在 HTML 文件中，如图 7-1 和图 7-2 所示。

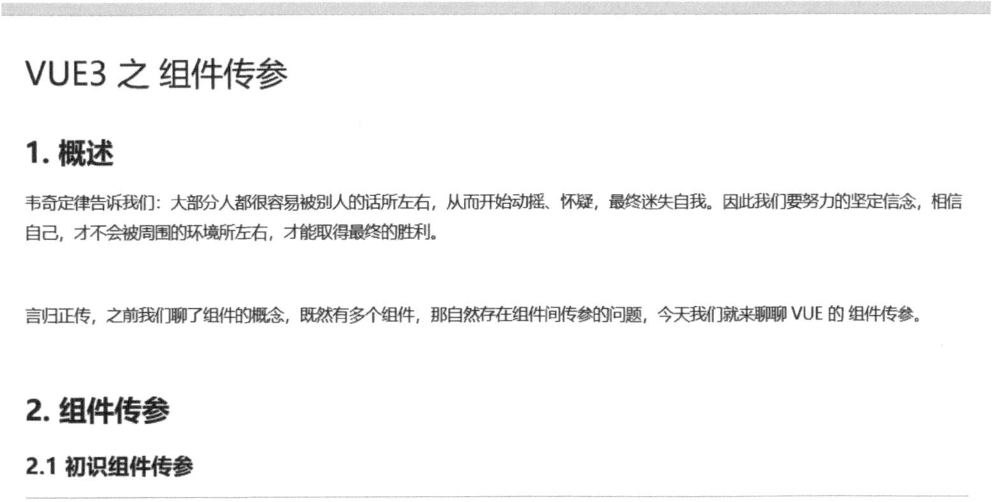

VUE3 之 组件传参

1. 概述

韦奇定律告诉我们: 大部分人都很容易被别人的话所左右, 从而开始动摇、怀疑, 最终迷失自我。因此我们要努力的坚定信念, 相信自己, 才不会被周围的环境所左右, 才能取得最终的胜利。

言归正传, 之前我们聊了组件的概念, 既然有多个组件, 那自然存在组件间传参的问题, 今天我们就来聊聊 VUE 的 组件传参。

2. 组件传参

2.1 初识组件传参

● 图 7-1　静态页面

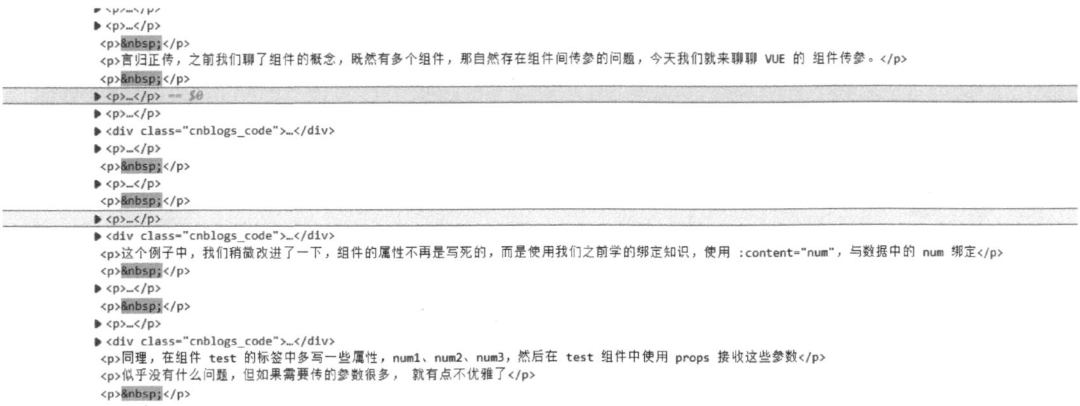

```
▶ <p>-</p>
▶ <p>_</p>
▶ <p> </p>
  <p>言归正传, 之前我们聊了组件的概念, 既然有多个组件, 那自然存在组件间传参的问题, 今天我们就来聊聊 VUE 的 组件传参。</p>
  <p> </p>
▶ <p>_</p> == $0
▶ <p>_</p>
▶ <div class="cnblogs_code">_</div>
▶ <p>_</p>
  <p> </p>
▶ <p>_</p>
  <p> </p>
▶ <p>_</p>
▶ <div class="cnblogs_code">_</div>
  <p>这个例子中, 我们稍微改进了一下, 组件的属性不再是写死的, 而是使用我们之前学的绑定知识, 使用 :content="num", 与数据中的 num 绑定</p>
  <p> </p>
  <p> </p>
  <p> </p>
▶ <p>_</p>
▶ <div class="cnblogs_code">_</div>
  <p>同理, 在组件 test 的标签中多写一些属性, num1、num2、num3, 然后在 test 组件中使用 props 接收这些参数</p>
  <p>似乎没有什么问题, 但如果需要传的参数很多,　就有点不优雅了</p>
  <p> </p>
```

● 图 7-2　静态页面代码

我们再来看比较热门的 **B 站**(https://www.bilibili.com/), 输入网址进入该网页后得到一个页面, 简单记一下得到的内容, 我们刷新网页重新访问一下, 又得到了一个页面。将这两个页面的内容进行比较, 会发现**两次访问得到的数据并不是相同的**。每一次刷新都会给我们推荐一些新的数据信息, **几乎不能得到两次完全相同的网页**。对于这种网页, 内容肯定不能直接固定在网页上, 否则就无法动态地呈现内容。所以一般都需要数据库进行数据支持, 通过其他渲染技术来动态地展示数据, 如图 7-3 和图 7-4 所示。

● 图 7-3 动态页面 1

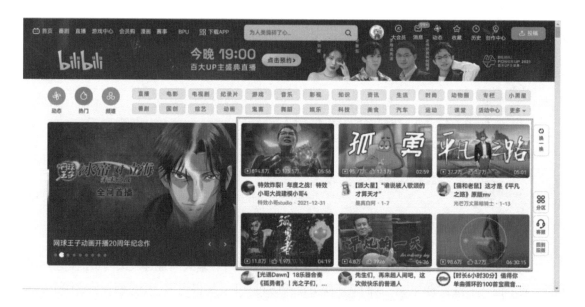

● 图 7-4 动态页面 2

图 7-3 是刷新前的网页，图 7-4 是刷新后的网页，可以发现网站推荐的内容是不同的。说明网站是一个动态网站，网页的内容不是固定的，而是通过某些技术加载到网页上的。这些技术中

JavaScript 是非常重要的一环。接下来就介绍一下 JavaScript。

7.1.2　JavaScript 实现渲染的简单原理

我们知道网页前端有三个最基本的内容，分别是 HTML、CSS 和 JavaScript。HTML 用来定义网页的内容，例如标题、正文、图像等。CSS 控制网页的外观，例如颜色、字体、背景等。JavaScript 实时更新网页中的内容，例如从服务器获取数据并更新到网页中、修改某些标签的样式或其中的内容等，可以让网页更加生动。

通过 HTML 虽然能展示一定的内容，但没有较好的展现形式，网页界面并不美观，所以我们使用 CSS 对网页进行布局，来规范数据的展现形式，得到一个美观的界面。而这时的网页虽然数据和好看的页面都有了，但是信息单一，网页缺乏交互性，一般只有看的功能，不能进行其他的操作。

JavaScript 的出现解决了这一问题，使网页能够与用户进行交互。**网页能够监听用户在网站上的操作，然后根据用户的点击情况进行相应的响应，返回相应的结果**。而且 JavaScript 的出现还能**为网站提供更多的功能**，例如在网页搜索框中输入几个字符后，网页就会感知用户要搜索的内容，从而出现我们在浏览网页时常见的下拉菜单。还有我们在网站操作时经常弹出的一些提示信息等。

JavaScript 其实就是一种脚本语言，不需要预先进行编译，而是边解释边执行，浏览器就是照着 JavaScript 代码来对当前网页进行修改的。浏览器在解析网页时若是发现有 JavaScript 文件，就会向服务器请求该 JavaScript 文件，然后执行并根据 JavaScript 代码来重新修改当前的网页，得到一个经过 JavaScript 代码修饰的新网页。

7.2　动态渲染实现的方式

在本节中，我们将深入探讨动态渲染实现的方式。我们将首先关注自动请求的异步处理，探讨如何在应用中实现自动请求并处理异步响应。随后，我们将研究点击事件和计数的处理方法，探讨如何在用户交互中实现无缝的体验。接着，我们将介绍下拉请求的实现技巧，以及处理异步请求时的最佳实践。

7.2.1　自动执行的异步请求

这里我们来看一下什么是异步请求，异步请求又是怎么来实现动态渲染的。

1. 同步请求

什么是同步请求呢？我们可以这样理解，就是**同一时间段内只能够处理一件事情**，在这个时间段内，我们不能做其他的事情。

以浏览器为例，在同步请求机制下，浏览器只有一个窗口，当我们使用浏览器向网页发起一个网页请求时，浏览器就将处于等待状态，直到请求结束之后，浏览器将得到的网页呈现给我们，我们才重新拥有浏览器的使用权限。在这期间，浏览器不能进行其他的操作。

2. 异步请求

异步请求正好与同步请求相反。

在异步请求机制下，浏览器可以有多个窗口，我们在使用浏览器对某一个网站发起请求之后，若是当前的网站繁忙，进入需要一点时间，我们完全可以打开另外一个窗口，对另一个网站进行访问，让前一个网站慢慢加载，等浏览器加载完之后展现网页界面时我们再进行访问。

在这种异步请求机制下，我们在请求一个网页的同时，还能对另一个网页进行访问，并且并不会影响前一个网页的加载。

这就像是你到了一个新城市之后，要找房子住，你可以自己去找，在网站上或者是街头小广告上去了解房源信息，找合适自己的那一个，然后去跟房东谈价钱。在这期间你的精力和时间大部分都用到了找房子上，你可能没时间再去找工作或者做其他的事情（同步请求）。还有一种方式是你可以找一个租房中介，把你的房子需求告诉他，让他来帮你找，在中介给你找房子的同时你还可以去找工作或者做其他的事情（异步请求）。这也说明了异步请求和同步请求的区别。

▶▶ 7.2.2　点击事件和计数

我们知道点击，就是在网页上的一些位置按一下鼠标。那么什么是点击事件呢？

当我们在网页上点击时，若点击的是一个网址，就会跳转到其网页。若是我们想要一些其他的点击效果呢？例如点击网页上的图片，就将图片放大进行展示。这要怎么实现呢？

这就是点击事件了，通过**将点击与事件进行挂钩，当我们在点击某一地方时，就执行相应的事件**，就比如这里的将图片放大展示的操作。

其实点击事件在生活中也是常常见到的。我们在进行选择时，例如在选择喜欢吃的水果时，有如下选项：苹果、梨、葡萄、红提、枣、柑橘、柚、桃、西瓜、杏和甜瓜。加入这里的选项有很多，我们只列出了其中一部分。若是我们一个一个选择，这岂不是太慢了吗？所以这里常常有一个选择：全选和全不选。若是我们想要选择的项数较多，我们可以点击全选，然后去掉不需要的选项，这样就方便了用户的操作。若是在选择到一半时，发现看错题目了，要选择的是不喜欢的水果，我们这时就可以添加一个反选按钮，将我们的选择变为反向的。

这就是点击事件的作用了，将点击和事件关联起来，在进行点击时，完成绑定的事件，就像这里说的全选、全不选和反选操作。

计数也是如此，当我们点击一下时，就进行数字加 1 的操作，从而完成计数的工作，例如常见的点赞操作。

▶▶ 7.2.3　下拉加载和异步请求

当我们在访问某些网站时，会发现网页并没有完全展示出来，同时也没有下一页和选择页数的操作，但是我们在浏览器中向下滑动时，当当前页面的所有的信息都显示出来，就会出现新的数据，**这时候发现还可以往下滑动，继续滑动到底部，又会出现新的内容。**

就比如我们看漫画时的情景，有一种网站就采用翻页式的方式，点击下一页来查看下一页的漫画；另外一种网站就是采用下拉式的方式来加载下一张漫画图，不断下滑就能够加载出另外一张漫画图，就体验来说明显优于翻页式的网站，因为这样省去了许多点击操作。

而这种下拉加载的方式常常与前面所说的异步请求机制相关联。因为网页显示的内容通常来说并不是固定的，所以一般都是通过异步请求的方式来对接下来需要获取的信息发出请求，来获取接下来需要显示的数据。

以上就是常见的动态页面渲染的方式，虽然这些方式让网页变得更加复杂，但是能够提供很多有用的功能，为用户提供更好的服务，优化用户的体验，让网页的功能变得更加有用且更加人性化。

7.3　解决动态渲染的反爬工具

通过上面的了解，我们已经初步知道了什么是动态网页了。而动态网页的发展，也提高了我们用爬虫来获取数据的难度。为了能够使用爬虫来获取动态网页的数据，我们也需要动态地访问网站，不能再像以前一样，直接输入网址来访问网站，从而抓取数据，而是应该在访问网站之后，动态地模拟浏览器操作来获取数据，从而使用代码来获取其中的数据。

为了能够使用爬虫来爬取动态网页的数据，可以使用以下三种工具来帮助我们动态地访问网站，从而获取网站的数据。它们分别是 selenium、puppeteer 和 Splash。

▶▶ 7.3.1　selenium

大家对 selenium 这个工具应该不陌生了，我们在前面多次见过这个工具。selenium 是一个自动化的 Web 应用功能测试工具。我们能够通过 selenium 工具来模拟浏览器的操作，达到动态访问网站的目的，能够通过代码来对浏览器的某个方位进行点击或是输入。所以 selenium 在爬虫领域也被广泛使用，能够避免大多的反爬问题。

但它也是有缺点的，就是慢，打开网页的速度慢，网页加载的速度也慢。

▶▶ 7.3.2　puppeteer

什么是 puppeteer 呢？

我们可以简单地将它理解为一个无头浏览器。无头浏览器就是指一个无界面状态的浏览器，即是说我们可以在不打开浏览器的情况下，正常地对网站进行访问。这不正是我们需要的吗？能够正常地动态访问网站，同时还能在无界面状态下运行浏览器，这样我们就能使用命令来对浏览器进行操作，从而动态地访问网站。

而 puppeteer 的中文翻译是操作木偶的人，顾名思义，使用这个工具，我们就能成为一个操作木偶的人，而这个木偶就是浏览器，我们也就能够操作浏览器的界面来动态访问网站了。

▶▶ 7.3.3　Splash

Splash 其实是一个 JavaScript 渲染服务器。

现在的网页基本上都是通过 JavaScript 模式来进行交互的，而简单的爬虫对这种使用 JavaScript 技术的网页根本没有什么办法。我们通过模拟浏览器的操作来动态访问网站，在这种方式下无法完成异步操作。即我们只能对一个网页进行访问爬取，无法同时对多个网页进行操作，无法达到大规模的爬取需求。

这时 Splash 的作用就体现出来了，它能直接返回一个渲染后的页面，便于我们分析和爬取，还能够以异步方式处理多个网页的渲染，便于我们进行大规模的爬虫任务。

7.4　案例——爬取漫画网漫画数据

为了让大家能更好地理解这一章的内容，这一节就介绍一个爬取动态渲染网页的数据的案例。

▶▶ 7.4.1　动态渲染网页分析

首先来看一看我们这次要爬取的网页，浏览器打开之后，可以发现这是一个漫画网站，如图 7-5 所示。

● 图 7-5　漫画网站

通过滑动右侧滚轮，发现往下走时，滚轮的长度会变短，说明在我们往下滑动时，下面的漫画图片才加载出来，才造成这个网页变得更长的情况，滚轮也适应网页变得更短，如图 7-6 所示。

● 图 7-6　网页滑轮

从这一现象，我们知道，这个网站符合我们这次爬虫的需求(这个网页是动态渲染的网页)。

再来看看这个网页的基本结构，按下 F12 键或右击"检查"来打开开发者工具。通过元素定位将定位放在第一张漫画图片上。这样就定位到了第一张漫画图片的源地址。并且其他的漫画图片就在该定位的下方。这样就找到了需要爬取的数据的位置，如图 7-7 所示。

接下来就来试一试通过正常的爬虫方式能否得到该数据。

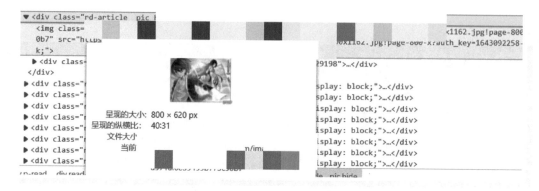

● 图 7-7 定位图片位置

通过以下代码对该网页进行访问，得到该网页的源代码。

```python
import requests
url = '测试网址'
headers = {
    'user-agent': 'Mozilla/5.0 (Windows NT 10.0; Win64; x64)
    AppleWebKit/537.36 (KHTML, like Gecko) Chrome/97.0.4692.99
    Safari/537.36Edg/97.0.1072.69'
    }
resp = requests.get(url=url,headers=headers)
print(resp.text)
```

结果如图 7-8 所示。

```html
<!DOCTYPE htmL>
<html>
<head>
    <title>斗破苍穹漫画第1话陨落的天才(上)，漫客栈</title>
    <meta charset="utf-8">
    <meta name="renderer" content="webkit">
    <meta http-equiv="X-UA-Compatible" content="IE=Edge,chrome=1">
    <meta name="keywords" content="斗破苍穹，斗破苍穹漫画，斗破苍穹漫画最新章节">
    <meta name="description" content="斗破苍穹漫画第1话陨落的天才(上)在线阅读，斗破苍穹漫画全集在线阅读和斗破苍穹漫画全集下载。">
    <link reL="shortcut i/pe=" image/x-icon"/>
    <link rel=" Bookmark"
```

● 图 7-8 结果图

可以看到我们请求到了该网站的源代码。通过对网页的分析，我们知道了需要提取的**数据在一个 id = "pages-tpl" 的标签之中，如图 7-9 所示**。

于是我们按下<CTRL+F>键，在返回的结果中来查找该内容，如图 7-10 所示。

可以看到，我们虽然获得了该网页的源代码，但其中并没有我们想要的数据，**Id = "pages-tpl" 的标签中没有本应该有的漫画图片数据**。而该标签的上方有一段注释，"**渲染章节图片**"。说明这些内容是通过动态渲染的方式呈现给我们的，通过这种直接访问的方式访问不到该数据的内容。所以我们接下来要想想怎么才能得到这些数据，这就要用到上面提到的辅助爬虫的工具了。

```
▼ <div id="pages-tpl">
  ▼ <div class="rd-article__pic hid                        di
     <img class="lazy-read" data-s                         ag
     0b7" src       图片资源的链接                            le
     k;">
    ▶ <div class= rd-article__toast id-229190 rendeu data-page_iu='2
  </div>
  ▶ <div class="rd-article__pic hide" data-page_id="229199" style="di
  ▶ <div class="rd-article__pic hide" data-page_id="229200" style="di
```

● 图 7-9　图片链接资源

```
<div cLass="rd-article-wr cLearfix">
    <!--渲染章节图片<div id= "pages- tpL"></div>
    <div cLass="rd-article __ end hide">
    <a cLass="btn--next-chapter j-rd-next"><span class="txt"> 下一话< /span>
    <i cLass= "iconfont icon-ic_ read_ next_ icon"></i>
    </a>
```

● 图 7-10　查找所需内容

▶▶ 7.4.2　实战——爬取漫画网的漫画数据

这里我们**使用 selenium 工具来对该网页进行爬取**。

第一步：导入爬虫需要使用的包。

```python
from selenium.webdriver.chrome.service import Service
from selenium.webdriver.common.by import By
from selenium import webdriver
import requests
import time
import os
```

第二步：动态访问需要爬取的网页。

```python
url = '测试网址'
headers = {
    'User-Agent': 'Mozilla/5.0 (Windows NT 10.0; Win64; x64)
    AppleWebKit/537.36 (KHTML, like Gecko) Chrome/97.0.4692.99
    Safari/537.36Edg/97.0.1072.69'
    }
```

```
s = Service(r'D:\Dirver\chromedriver_win32\chromedriver.exe')
driver = webdriver.Chrome(service=s)
driver.get(url)
```

首先写入需要访问的**网站的链接**，后面**可能会使用到的 headers 字段**。然后在 **Service ( )** 中**写入浏览器驱动安装的地址**，这样就可以使用 webdriver.Chrome (service = s) 来构建浏览器驱动以自动控制浏览器了。最后使用 driver.get (url) 方法来启动浏览器访问该 URL 对应的漫画网页。这样就控制浏览器成功访问了该网页，如图 7-11 所示。

● 图 7-11　使用 driver.get (url) 访问

第三步：获取标题和漫画页数。

```
title = driver.title
page = driver.find_element(By.XPATH,'/html/body/div[2]/div[1]/
    div[3]/span[2]').text
page = int(page)
time.sleep(3)
```

这一步的主要目的就是获取漫画这一话的标题和页数。因为漫画每一话的标题和页数都不相同。例如：一个是《陨落的天才 (上)》，一个是《陨落的天才 (中)》；一个是 13 页，而另一个是 12 页，如图 7-12 和图 7-13 所示。

首 页》斗 破 苍 穹》第 1 话 陨落的天才（上） 1/13

● 图 7-12　第 1 话页数

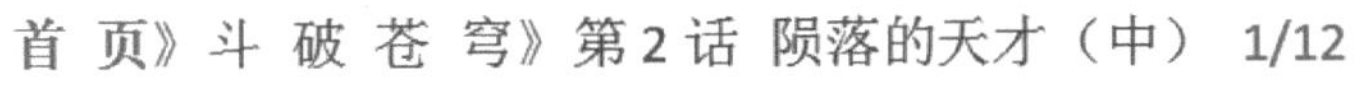

首 页》斗 破 苍 穹》第 2 话 陨落的天才（中） 1/12

● 图 7-13　第 2 话页数

这里我们**使用 driver.title 直接获取该网页的标题**来获取这一话漫画的标题。通过 driver.find_element（By.XPATH，''）方法，**通过 xpath 定位页数在网页中存在的位置**，然后**通过.text 方法获取定位位置的数据**，即是这一话漫画的页数。因为获取的内容是字符串的数据类型，所以最后要使用 int（ ）函数将页数 page 转换为整型数据。

第四步：获取漫画图片源地址。

```
list = []
for i in range(1,page+1):
    js = "window.scrollTo({},{});".format(1100 * (i-1),1100 * i)
    driver.execute_script(js) time.sleep(3)
    content = driver.find_element(By.XPATH,'//*[@id="pages-tpl"]
        /div[{}]/img'.format(i))
    src = content.get_attribute("src")
    print(src)
    list.append(src)
```

先构建一个空列表，以存储爬取的漫画图片的源地址。然后结合前面获取的页数 page 构建一个循环来获取每一页漫画的数据。因为该网页的漫画图片是动态加载的，若是我们直接爬取，这时这张漫画图片的数据可能还没加载出来，我们直接通过图片数据所在的 xpath 地址无法获取该位置的信息数据，所以我们**通过构建 JavaScript 脚本代码来模拟浏览器进行滑动**：

js = "window.scrollTo（{},{}）;".format（1100 * (i-1)，1100 * i），driver.execute_script（js），至于滑动的大小和位置，根据实际情况而定，这里我们每次滑动 1100 像素，随着循环次数增加，滑动的起始位置和结束位置也相应增大。模拟滑动结束后，可以先等待几秒钟，等到确定数据已经加载出来之后再爬取数据。

等待数据加载出来之后，我们就可以通过 xpath 定位图片所在的位置了，然后**通过 content.get_attribute（"src"）方法来获取图片数据所在位置的 src 属性中的数据**。这样就成功获取到了这一张漫画图片的源地址。最后可以将这些图片数据放到一个 list 列表中。

第五步：保存到本地。

```
basePath = 'D:\python\\xiangmu\selenium\cartoon\斗破苍穹\\'
path = basePath + title
folder = os.path.exists(path)
if not folder:
    os.makedirs(path)
j = 0
for item in list:
    j = j + 1
    with open(path +'\\' + str(j) +'.png', "ab") as f:
        resp = requests.get(url=item,headers=headers)
        data = resp.content
        f.write(data)
```

最后我们就可以结合 os 库中的函数和获取到的这一话漫画的标题来创建一个文件夹，存储获取到的漫画图片数据。然后就可以通过循环来依次对每一个图片进行访问获取数据了，再通过二进制方式写入到创建的文件目录下。

这样就将爬取到的数据保存在了本地，成功地使用 selenium 工具对动态渲染的网页进行了爬取。

完整代码：

```
from selenium.webdriver.chrome.service import Service
from selenium.webdriver.common.by import By
from selenium import webdriver
import requests
import time
import os
url = '测试网址'
headers = {
    'User-Agent': 'Mozilla/5.0 (Windows NT 10.0; Win64; x64)
    AppleWebKit/537.36 (KHTML, like Gecko) Chrome/97.0.4692.99
    Safari/537.36Edg/97.0.1072.69'
    }
s= Service(r'D:\Dirver\chromedriver_win32\chromedriver.exe')
driver = webdriver.Chrome(service=s)
driver.get(url)
title = driver.title
page = driver.find_element(By.XPATH,'/html/body/div[2]/div[1]/
    div[3]/span[2]').text
page = int(page)
time.sleep(3)
```

```
list=[]
for i in range(1,page+1):
    js = "window.scrollTo({},{});".format(1100 * (i-1),1100 * i)
    driver.execute_script(js) time.sleep(3)
    content = driver.find_element(By.XPATH,'//*[@id="pages-tpl"]
        /div[{}]/img'.format(i))
    src = content.get_attribute("src")
    print(src)
    list.append(src)
basePath = 'D:\python \\xiangmu \selenium \cartoon \斗破苍穹 \\'
path = basePath + title
folder = os.path.exists(path)
if not folder:
    os.makedirs(path)
j = 0
for item in list:
    j= j + 1
    with open(path +'\\'+ str(j) +'.png', "ab") as f:
        resp = requests.get(url=item,headers=headers)
        data = resp.content
        f.write(data)
time.sleep(1 * 60 * 60)
```

7.5 本章小结

通过这一章，我们了解了什么是静态网页，什么是动态网页。静态网页就是一种没有通过
JavaScript 等新型技术渲染的网页，缺乏交互的功能，其网页的内容也相对单一，且难以更新。
这种静态网页的 HTML 文件直接保存在服务器上，当用户访问时，浏览器从服务器中得到一份相
同的 HTML 文件，然后在浏览器中解析打开。而动态网页采用 JavaScript 等新型的技术，使得网
页的功能更加丰富，为用户提供许多交互的功能，并且其中的数据也是使用技术动态加载出来
的，不像静态网页一样固定到 HTML 文件中。

一般渲染动态网页的方式有以下三种：自动执行的异步请求、点击事件和下拉加载。异步请
求能够让我们同时做更多的事情。下拉加载丰富了用户在网站中的体验，让内容随着浏览器的
滑动而自动获取内容。我们的案例也体现了这一点，我们想要获取的图片只有通过模拟浏览器
滑动之后才会加载出来，若是没有模拟滑动这一操作，就直接写代码来爬取数据，结果根本爬取
不到想要的数据。

JavaScript 解析

本章思维导图

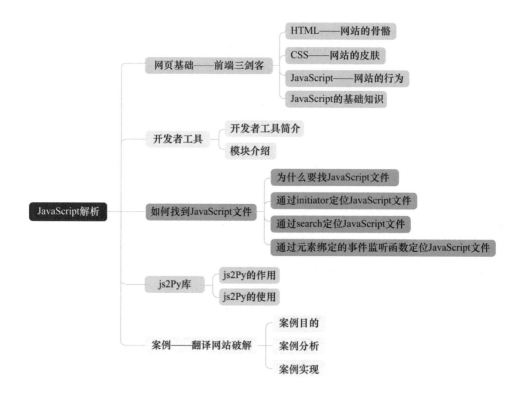

本章知识点：

- post 请求需要提交表单数据，get 请求不需要。
- 前端基础知识：HTML——网站的骨骼、CSS——网站的皮肤和 JavaScript——网站的行为。
- 定位 JavaScript 有三种方法：initiator 方法、search 方法和通过元素绑定的事件监听函数方法。
- js2Py 解析 JavaScript 代码，帮助我们分析 JavaScript 文件及爬虫。

在当今信息时代，网络已经成为人们获取各种知识和数据的主要途径。然而，随着网站技术的不断进步，许多网站不再是简单的静态页面，而是采用了复杂的 JavaScript 脚本来动态加载内容并进行用户交互。这种动态化的网页呈现方式为用户提供了更好的体验，但也给爬虫技术带来了挑战。很多时候，我们需要从网站上获取特定的数据，比如商品价格、新闻内容或者其他用户感兴趣的信息。然而，某些网站为了保护这些数据，会采用 JavaScript 来加密或者动态生成页面内容。特别是在需要提交 post 表单的情况下，有些网站会通过 JavaScript 对提交的数据进行加密处理，然后再发送到服务器。如果我们无法破解这些加密参数，获取到的数据将失去意义，因为它可能是无法理解的乱码，也有可能使我们无法使用签名进行访问。

因此，爬虫技术的发展需要与 JavaScript 解析技术相结合。通过分析网页中的 JavaScript 代码，深入了解数据加密的算法和逻辑，找到解密的方法，才能使爬虫程序能够真正地获取网页上的有用数据，实现信息的准确采集和价值最大化。下面，就让我们先来了解一下网页的基本结构，然后认识 JavaScript 在其中所起到的作以及如何获取和破解 JavaScript 吧。

8.1 网页基础——前端三剑客

在正式解析 JavaScript 文件之前，我们需要先有前端网页的基础知识，了解一个网站的基本构成。这也是设计爬虫的基础，因为爬虫就是针对网站来爬取数据的，有了这方面的知识，我们使用爬虫爬取网站数据时，目的方向更加明确，才能够真正地理解并获取网页上的有用数据，实现信息的准确采集和价值最大化。

前端有三种最基本的语言，分别是 **HTML、CSS 和 JavaScript**，它们分别有不同的功能，共同构成了我们现在看到的网站。接下来我们就来一一进行介绍。

▶▶ 8.1.1 HTML——网站的骨骼

HTML 语言是学习前端网页知识时最先学习的一种语言，是网站最基础的一种语言。它通过不同的标签属性将我们需要展现的内容呈现在网站中。

例如：我们在 CSDN 博客网站中随便打开一个博客，可以看见网站中呈现了许多文本信息，二级标题数据由标签<h2>来定义，段落信息由标签<p>来定义。其实所有信息都是由标签定义，再由浏览器解析 HTML 文件，最后将解析的 HTML 内容呈现在用户面前。

不同的标签有着不同的含义，通过 HTML 的标签功能，我们能够规定哪些内容是一个标题，是几级的标题，哪些内容是一段文本信息或是图片数据，哪些内容是一个表格或是表单信息等。如图 8-1 为一篇网页的内容，图 8-2 为 HTML 的源码标签。

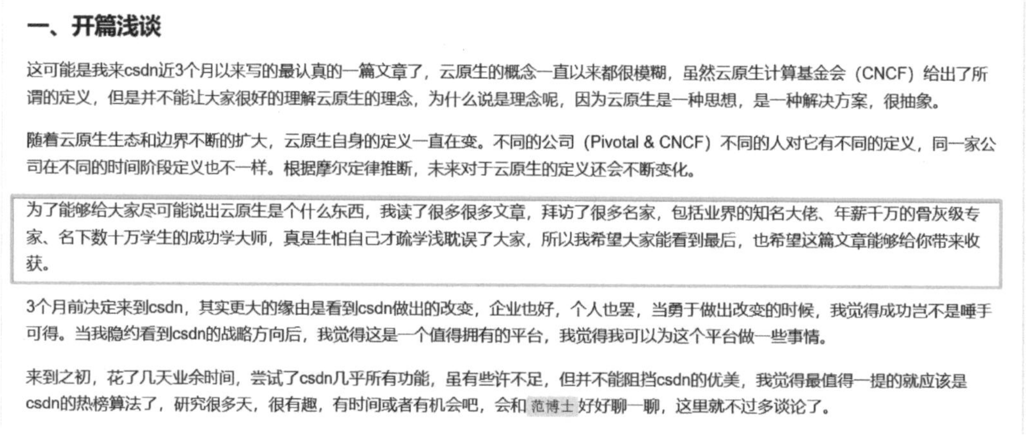

一、开篇浅谈

这可能是我来csdn近3个月以来写的最认真的一篇文章了，云原生的概念一直以来都很模糊，虽然云原生计算基金会（CNCF）给出了所谓的定义，但是并不能让大家很好的理解云原生的理念，为什么说是理念呢，因为云原生是一种思想，是一种解决方案，很抽象。

随着云原生生态和边界不断的扩大，云原生自身的定义一直在变。不同的公司（Pivotal & CNCF）不同的人对它有不同的定义，同一家公司在不同的时间阶段定义也不一样。根据摩尔定律推断，未来对于云原生的定义还会不断变化。

为了能够给给大家尽可能说出云原生是个什么东西，我读了很多很多文章，拜访了很多名家，包括业界的知名大佬、年薪千万的骨灰级专家、名下数十万学生的成功学大师，真是生怕自己才疏学浅耽误了大家，所以我希望大家能看到最后，也希望这篇文章能够给你带来收获。

3个月前决定来到csdn，其实更大的缘由是看到csdn做出的改变，企业也好，个人也罢，当勇于做出改变的时候，我觉得成功岂不是睡手可得。当我隐约看到csdn的战略方向后，我觉得这是一个值得拥有的平台，我觉得我可以为这个平台做一些事情。

来到之初，花了几天业余时间，尝试了csdn几乎所有功能，虽有些许不足，但并不能阻挡csdn的优美，我觉得最值得一提的就应该是csdn的热榜算法了，研究很多天，很有趣，有时间或者有机会吧，会和 范博士 好好聊一聊，这里就不过多谈论了。

● 图 8-1 网页内容

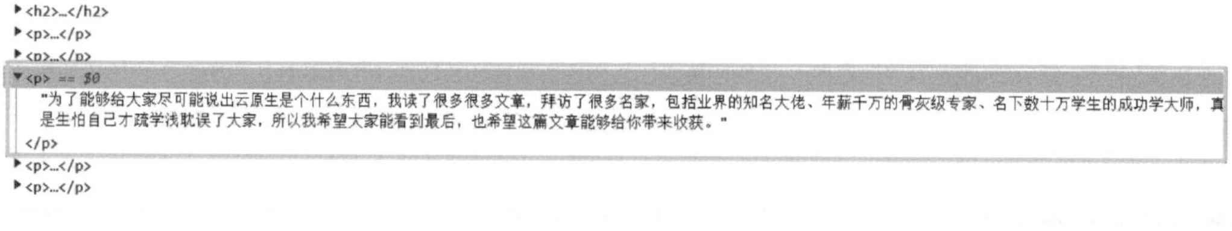

```
▶ <h2>...</h2>
▶ <p>...</p>
▼ <p> == $0
    "为了能够给给大家尽可能说出云原生是个什么东西，我读了很多很多文章，拜访了很多名家，包括业界的知名大佬、年薪千万的骨灰级专家、名下数十万学生的成功学大师，真是生怕自己才疏学浅耽误了大家，所以我希望大家能看到最后，也希望这篇文章能够给你带来收获。"
  </p>
▶ <p>...</p>
▶ <p>...</p>
```

● 图 8-2 内容的源码标签

结合上面两张图可知，框中的内容是由 HTML 语言中的 p 标签修饰的，所以在网页中以段落的形式呈现。

所以说 HTML 是一个网站的骨骼，不同的内容需要使用不同的标签来标识。将文章的内容分为标题、段落、图片、表格、表单、超链接、音频、视频等。但**只有 HTML 的网站是不够的，这样的网站只有一副架子，虽有内容但不适合阅览。**

▶▶ 8.1.2　CSS——网站的皮肤

使用 HTML 语言写出网站的骨骼之后，还需要为网站挂一张好看的皮肤。这里就需要使用 CSS 语言了。

通过 CSS 语言，我们可以根据标签或标签的属性来选择 HTML 中对应的标签及其内容，然后使用 CSS 语法对标签内容的样式进行设置。例如：修改内容的背景，字体的大小及颜色，是否需要使用其他的自定义字体等。

图 8-3 就是对图 8-2 的<p>标签设置的样式(修改颜色、行高等)。

```
main div.blog-        detail_ente…e.min.css:1
content-box
article * {
    word-wrap: break-word;
}

.markdown_views p    style-49037e4d27.css:1
{
    font-size: 16px;
    color: ■#4d4d4d;
    font-weight: 400;
    line-height: 26px;
    margin: ▶ 0 0 16px;
    overflow: ▶ hidden;
    overflow-x: auto;
}
```

● 图 8-3　CSS 样式

除此之外，CSS 还能够设置网站内容出现的方式及其时间。甚至还能够制作一些动画，使得网站变得更加精美。现在网络上已经有十分优美的 CSS 语言了，随便一搜，都会搜到许多现成的 CSS 代码。CSS 语言的可变性很大，不同的 CSS 语言可以将相同的 HTML 以完全不同的形式呈现出来，让人以为是两种不同的内容。而且每个人对美的定义不同，所以 CSS 也就衍生出了多种设计组合模式。

下面就是对同一内容进行不同的阴影设置，明明是同一内容，看着完全不一样，如图 8-4 和图 8-5 所示。

所以 CSS 的作用就是为网站换上一张美丽的皮肤，使得网站看着像一个穿着华服的人。

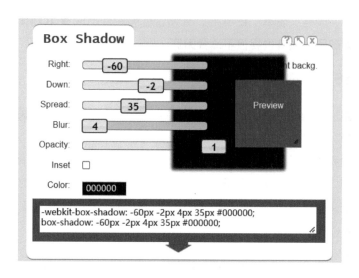

● 图 8-4　样式 1

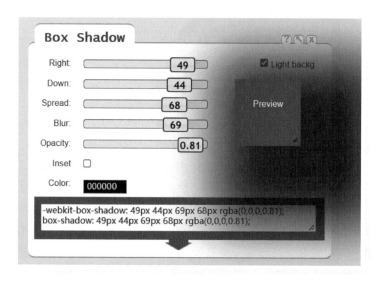

● 图 8-5　样式 2

▶▶ 8.1.3　JavaScript——网站的行为

学会 HTML 和 CSS 之后，我们就可以制作出一个卖相精美、内容丰富的网页了。看起来
JavaScript 似乎多余了。其实不然。若是只使用 HTML 和 CSS 语言来写网站，那么写出来的就是

传说中的静态网站了，是一个只有外表和内容的网站，是一个人偶。

而 JavaScript 的作用就是让我们的网站活起来，成为一个真正的网站。经过 JavaScript 语言修饰的网站能够根据用户在网站的操作做出对应的反应。**基本上用户的所有体验都是通过 JavaScript 来实现的，JavaScript 可以监听用户在网站的操作，根据用户操作返回相应结果。**

例如：当我们将网页向下滑动时，这一行为就会被捕捉到，当我们滑动到底部时，会发现有新的内容加载出来。这就是 JavaScript 的作用，返回的结果就是新加载出来的内容。

浏览器不仅监听鼠标操作使用的是 JavaScript，内容加载也应用了 JavaScript。仔细思考就会知道，我们前面所说的网站的内容都是由 HTML 文件包含在内的。也就是说，我们的内容在写 HTML 时就已经固定了，想要修改网站内容，就只有在 HTML 文件中找到数据的位置之后再修改，或是再写一个 HTML 文件。

但是使用 JavaScript，就可以动态加载数据了。即是说我们可以只做一个 HTML 框架，其中的内容可以使用 JavaScript 将数据库中的数据展现在网站中。现在的网站几乎都是这样一种方式，例如 B 站，每刷新一次，推荐的内容都是不同的。这就是使用动态加载的方式来实现的。

▶▶ 8.1.4　JavaScript 的基础知识

既然要学习 JavaScript 解析，就应当了解一些 JavaScript 的基础知识。

JavaScript 由三个方面所构成，它们分别是：ECMAScript、DOM（文档对象模型）和 BOM（浏览器对象模型）。

ECMAScript：ECMAScript 是 JavaScript 的标准化规范，定义了 JavaScript 的语法和基本特性。ECMAScript 规定了变量、数据类型、操作符、流控制语句等基本语法元素，以及一些内置对象和函数，如数组、字符串、数学运算等。不同的 JavaScript 引擎（如 V8、SpiderMonkey 等）根据 ECMAScript 规范来实现 JavaScript 的核心功能。

DOM：DOM 是 JavaScript 与网页内容之间的接口，它是一个可视化和操作网页元素的 API。通过 DOM，JavaScript 可以访问和修改网页中的各种元素，包括 HTML 元素、CSS 样式、文本内容等。可以使用 JavaScript 通过 DOM 来动态地添加、修改、移除网页的元素和属性。

BOM：BOM 提供了 JavaScript 与浏览器交互的接口，包括操作浏览器窗口、处理浏览器事件、发送 HTTP 请求等功能。通过 BOM，JavaScript 可以获取浏览器窗口的大小、打开新窗口、控制浏览器的导航等。

除了以上主要组成部分外，JavaScript 还有许多第三方库和框架，如 jQuery、React、Vue.js 等，它们提供了更方便、快速的开发方式和更丰富的功能。这些库和框架通常构建在 ECMAScript、DOM 和 BOM 的基础上，提供了更高级的功能和抽象，使得开发者能够更高效地开发和管理复杂的应用程序。

那么 JavaScript 有什么具体的作用呢？

1）网页交互：JavaScript 是一种在网页中实现交互的重要手段。通过 JavaScript，可以为网页添加各种动态效果和交互行为，如表单验证、页面动画、弹出窗口、菜单切换等。

2）动态内容生成：JavaScript 可以根据用户操作或服务器返回的数据，动态生成或修改网页中的内容。这使得网页能够根据用户的需求实时更新和展示数据，提供更好的用户体验。

3）表单验证和数据处理：通过 JavaScript 可以对用户提交的表单进行验证，确保数据的合法性和完整性。它还可以对用户输入的数据进行处理和格式化，提供更友好的反馈和错误提示。

4）数据交互和 AJAX：JavaScript 通过 AJAX 技术与服务器进行异步通信，可以在不刷新整个网页的情况下，向服务器请求数据并进行显示和更新。这种方式可以提高网页的响应速度和用户体验。

5）动态样式调整：JavaScript 可以通过操作 DOM 来修改网页中的样式，实现动态的外观效果。例如，可以根据用户的操作或数据变化，动态修改按钮的颜色、文本的字号等。

6）网页游戏和媒体处理：JavaScript 可以用于开发简单的网页游戏和媒体处理，如音频、视频的播放控制、页面上的小游戏或动画效果等。

所以**前端的三种语言 HTML、CSS、JavaScript 是缺一不可的**。HTML 是一个网站的骨骼，告诉我们网站是一个什么样子；CSS 则对网站进行修饰，使得网站更加好看；JavaScript 则是让我们的网站活起来，成为一个真正的网站。

在了解完网页的基本结构以及 JavaScript 的一些知识后，接下来我们还需要先认识一下获取 JavaScript 的一些开发工具。

8.2　开发者工具

开发者工具是一组软件、应用或浏览器内置的功能，旨在帮助开发者进行软件和网页开发。它们提供了一系列功能和工具，用于调试、测试、分析和优化代码，以及实时查看和修改网页的结构、样式和性能等。

▶▶ 8.2.1　开发者工具简介

我相信，只要是写过爬虫程序的人，对开发者工具都不会陌生。这是因为**开发者工具是一款十分强大的工具**，可以帮助我们**分析网页结构、定位数据、查看网络数据包**等，为我们分析网站提供了多种丰富的功能，为爬虫提供了许多帮助。熟练使用开发者工具是每一位程序员应具备的基本能力。

常见的开发者工具包括以下几种。

浏览器开发者工具：主流浏览器(如 Chrome、Firefox、Safari 等)都提供了内置的开发者工具。通过浏览器开发者工具，开发者可以查看和编辑网页的 HTML 结构、CSS 样式、JavaScript 代码，以及实时调试和监测网络请求、控制台输出等。

集成开发环境(IDE)：IDE 是开发者用于编写、测试和调试代码的集成开发环境。IDE 通常包含编辑器、编译器、调试器、版本控制等工具，提供了全面的开发环境和功能支持。常见的 IDE 有 Visual Studio、Eclipse、IntelliJ IDEA 等。

命令行工具：命令行工具是使用命令行界面操作的开发者工具，用于执行一系列开发任务。例如，Git 是一个常用的命令行工具，用于版本控制和代码管理；npm 是 JavaScript 包管理工具，用于安装、发布和管理 JavaScript 模块等。

调试工具：调试工具允许开发者逐步执行代码并检查其执行过程中的变量、堆栈和运行时错误。常见的调试工具有浏览器开发者工具的调试器、Node.js 的调试器、XDebug 等。

性能分析工具：性能分析工具用于在开发过程中评估应用程序或网页的性能瓶颈和优化机会。例如，Chrome 浏览器的性能分析器可以检测 CPU 使用率、内存消耗、函数执行时间等。

开发者工具有多个模块，我们经常用到的是 **Elements、Console、Sources 和 Network 模块，如图 8-6 所示**。下面就一一进行介绍。

● 图 8-6　开发者工具的模块

▶▶ 8.2.2　模块介绍

1. Elements 模块

在 Elements 模块下，我们可以查看网页源代码 HTML 中的任意一个元素，并且可以查看选中元素下的属性、样式等信息，如图 8-7 所示。

● 图 8-7　网页元素及属性样式

此外，我们还可以在其中修改这些数据，修改之后在浏览器中也能得到反馈。例如，我们删除百度翻译的图标元素，浏览器中的百度图标也随之消失了，如图 8-8 所示。

● 图 8-8　图标消失

在 JavaScript 中，没有内置的 Elements 模块。然而，在浏览器环境下，我们可以通过浏览器的开发者工具、特定的 JavaScript 库或框架来访问和操作网页中的 HTML 元素。

此外一些常用的 JavaScript 库或框架，如 jQuery 和 React，也提供了元素选取和操作的功能。通过这些库，我们可以用选择器选中特定的 HTML 元素，并对其进行操作，如修改样式、添加事件监听器等。

2. Console 模块

在 JavaScript 中，没有直接的内置的 Console 模块，它是 JavaScript 运行环境（如浏览器、Node.js 等）提供的一种工具，用于在控制台输出日志或调试信息。console 是一个小型的控制台，可以作为与 JavaScript 进行交互的命令行 Shell，能够查看变量，运行 JavaScript 代码等，如图 8-9 所示。

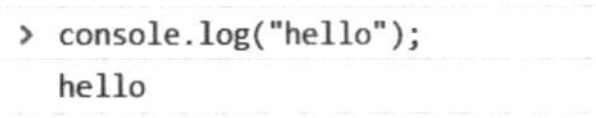

```
> console.log("hello");
  hello
```

● 图 8-9　控制台输出

3. Sources 模块

Sources 模块中有一些网页源文件，我们主要在该模块中分析其中的 JavaScript 文件。我们可以在该模块卜设置断点，调试 JavaScript 文件。

点击 JS 文件中左边的数字，就成功地在该点设置了一个断点。刷新网页，当程序运行到该断点时，就会先暂停运行，等待使用者的下一条命令，如图 8-10 所示。

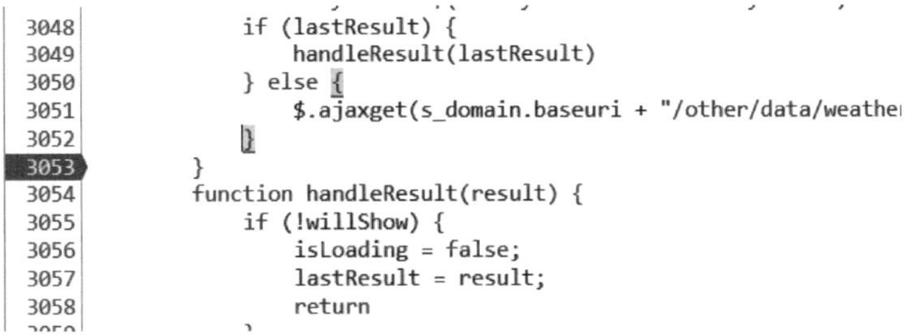

```
3048            if (lastResult) {
3049                handleResult(lastResult)
3050            } else {
3051                $.ajaxget(s_domain.baseuri + "/other/data/weather
3052            }
3053        }
3054        function handleResult(result) {
3055            if (!willShow) {
3056                isLoading = false;
3057                lastResult = result;
3058                return
3059
```

● 图 8-10　加断点

Sources 模块一般具有以下特点和功能。

1）调试 JavaScript 代码：在 Sources 模块中，可以按照文件的层次结构查看整个网站的 JavaScript 文件。你可以在其中找到所需的 JavaScript 文件，并在编辑器中查看和编辑文件的源代码。

2）设置断点：在需要调试的代码行上设置断点，以暂停程序的执行，以便观察和调试代码。当脚本执行到设置的断点时，程序将暂停执行，在这一点你可以查看变量的值、检查函数的调用栈，并逐步执行代码。

3）监听事件：在 Sources 模块中，你可以监听和查看触发的事件，例如点击、鼠标移动、键盘按键等。这有助于了解事件的触发时机和相应的处理代码。

4）追踪某个特定变量的值：你可以选择某个变量，并使用 Watch 表达式在调试过程中监视和追踪变量的值的变化。这有助于调试代码中的变量赋值和逻辑错误。

5）调试执行的异步代码：对于异步执行的代码，如定时器、AJAX 请求等，Sources 模块提供了调试工具，可以方便地追踪异步代码的执行流程和状态。

6）查找函数的调用栈：在调试过程中，你可以查看正在执行的函数调用栈，以了解函数的调用顺序和函数之间的关系。这有助于分析问题所在及调用过程。

4. Network 模块

Network 面板可以记录页面上的网络请求的详情信息。

各个请求资源的基本信息，包括状态、资源类型、大小、所用时间等，如图 8-11 所示。

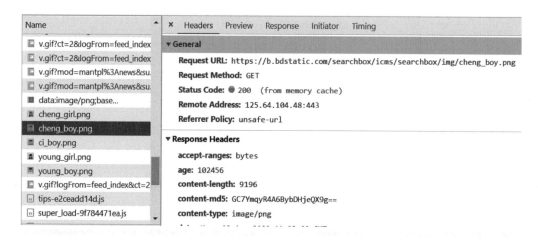

Name	Status	Type	Initiator	Size	Time	Waterfall
v.gif?ct=2&logFrom=feed_index&logInfo=tts_show&qid...res%22%3A%22ne...	200	json	sbase-1e4addf694.js:99	0 B	227 ms	
v.gif?ct=2&logFrom=feed_index&logInfo=tts_show&qid...res%22%3A%22ne...	200	json	sbase-1e4addf694.js:99	0 B	233 ms	
v.gif?mod=mantpl%3Anews&submod=index&utype=0&super...%88%88%E5...	200	gif	sbase-1e4addf694.js:91	229 B	48 ms	
v.gif?mod=mantpl%3Anews&submod=index&utype=0&super...%88%88%E5...	200	gif	sbase-1e4addf694.js:91	855 B	374 ms	
data:image/png;base...	200	png	pc-tts-player 606c3ec.js:60	(memory cache)	0 ms	
cheng_girl.png	200	png	pc-tts-player 606c3ec.js:61	(memory cache)	0 ms	
cheng_boy.png	200	png	pc-tts-player 606c3ec.js:61	(memory cache)	0 ms	
ci_boy.png	200	png	pc-tts-player 606c3ec.js:61	(memory cache)	0 ms	

● 图 8-11 请求基本信息

网页请求的请求方式、请求的 request 信息以及请求成功后的 response 信息和 Cookies 信息等，如图 8-12 所示。

Name		
v.gif?ct=2&logFrom=feed_index	× Headers Preview Response Initiator Timing	
v.gif?ct=2&logFrom=feed_index	▼ General	
v.gif?mod=mantpl%3Anews&su...	Request URL: https://b.bdstatic.com/searchbox/icms/searchbox/img/cheng_boy.png	
v.gif?mod=mantpl%3Anews&su...	Request Method: GET	
data:image/png;base...	Status Code: ● 200 (from memory cache)	
cheng_girl.png	Remote Address: 125.64.104.48:443	
cheng_boy.png	Referrer Policy: unsafe-url	
ci_boy.png		
young_girl.png	▼ Response Headers	
young_boy.png	accept-ranges: bytes	
v.gif?logFrom=feed_index&ct=2	age: 102456	
tips-e2ceadd14d.js	content-length: 9196	
super_load-9f784471ea.js	content-md5: GC7YmqyR4A6BybDHjeQX9g==	
	content-type: image/png	

● 图 8-12 请求详细信息

Network 模块一般具有以下特点和功能。

1) 监控网络请求：在 Network 模块中，可以实时查看网页加载过程中发送的网络请求，包括请求 URL、请求方法、请求头、响应状态等信息。每个请求都会以列表或图表的形式呈现，让你能够快速地查看请求情况。

2) 查看请求详细信息：对于每个网络请求，你可以查看请求和响应的详细信息。包括请求 URL、请求头、请求体、响应头、响应体等。这些信息可以帮助你诊断网络请求的问题，如查找缺失的头部、检查返回的数据是否符合预期等。

3）监测请求性能：Network 模块提供了各种工具和指标，用于监测和分析请求的性能。你可以查看请求的时间线、请求的各个阶段所花费的时间、请求的总体耗时等。此外，还可以查看请求的大小、加载时间、缓存情况等指标，以评估和优化网页的性能。

4）过滤和搜索请求：对于复杂的网页，Network 模块允许你根据请求的类型、域名、资源类型等条件进行过滤和搜索。这可以帮助你快速找到特定的请求，便于分析和排查问题。

5）离线模式：你可以在 Network 模块中模拟离线状态，以便测试和调试网页在离线环境下的行为。这对于检查缓存策略、访问断网页面等场景非常有用。

在了解了 JavaScript 的开发工具以及其各个模块的作用后，就可以开始着手获取 JavaScript 文件了。

8.3 如何找到 JavaScript 文件？

查询 JavaScript 文件的方法有如下几种：

1）查看网页源代码：在浏览器中打开网页，然后右击页面上的空白区域，选择"查看页面源代码"（或类似选项）。在源代码中，可以使用<Ctrl+F>键搜索框，输入".js"来搜索包含 JavaScript 文件的链接或标签。

2）浏览器开发者工具：在浏览器中打开网页，按下<F12>键打开浏览器的开发者工具。在工具的"Network"（或类似选项）选项卡中，可以过滤显示 JavaScript 文件，并查看加载的文件列表、文件路径和相关信息。

3）检查元素的属性：在网页上右键点击需要查找的元素，选择"检查"（或类似选项）打开开发者工具并选中该元素。然后，在开发者工具的"Elements"（或类似选项）中，可以查找相关的 JavaScript 文件链接或标签。

4）使用扩展插件：某些浏览器扩展插件（如 Firebug、Chrome 扩展插件等）提供了更多开发者工具和调试功能，可以更方便地查找和分析 JavaScript 文件。

值得注意的是，有时 JavaScript 文件的链接可能是动态生成的，使用上述方法不一定能够找到所有文件。此外，一些 JavaScript 文件可能会被合并和压缩，导致文件名不可读或文件内容较难分析。在一些开发环境中，可以通过查看构建工具的配置文件、检查网页模板或相关文档来找到 JavaScript 文件的位置。

▶▶ 8.3.1 为什么要找 JavaScript 文件？

学习完前端的基本知识，我们对前端框架有了一个大致的了解。但本章的内容是解析 JavaScript 文件，那么为什么要解析 JavaScript 文件呢？

以有道翻译网站为例，我们首先需要知道，访问这个网站需要用 post 请求方式，因为我们需要将要翻译的单词发送给服务器，这样服务器才知道我们要翻译什么单词，再返回数据。所以这里就是一个 post 请求。图 8-13 和图 8-14 所示为有道翻译的翻译页面，以及发送表单的数据。

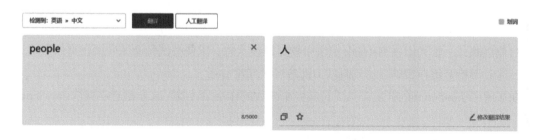

● 图 8-13　发送 post 请求

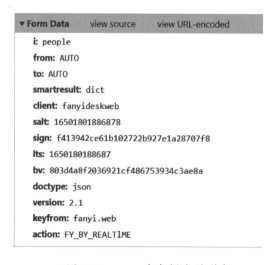

● 图 8-14　post 请求提交的数据

我们通过开发者工具找到我们发起请求的数据包，发现确实是使用 post 请求这种携带数据进行请求的方式，但同时我们发现请求携带的数据不只是我们需要翻译的单词 i：people，还有其他一些看不懂的数据，这些其实是一些加密的数据，为的就是防止爬虫程序。但这也是可以破解的，因为**这些数据都是使用 JavaScript 代码进行加密的**，所以我们只需要找到加密的 JavaScript 文件，分析出参数加密的方式，就能够使用签名进行访问了。所以最重要的就是找到 JavaScript 文件，否则其他都是空谈。那么怎么找到需要的 JavaScript 文件呢？下面我们就来学习一下如何在网站中找到需要的 JavaScript 文件。

▶▶ 8.3.2 通过 initiator 定位 JavaScript 文件

我们先找到发起请求的数据包，打开后会在其中找到一个 initiator 选项。在这个选项中就能够找到需要的 JavaScript 文件数据。initiator 译为引爆器，因为我们发起的请求中有需要加密的数据，所以需要调用一个 JavaScript 文件来对数据进行加密，因此就会自动调用 JavaScript 文件。所以我们就能够在 initiator 中找到需要的 JavaScript 文件，如图 8-15 所示。

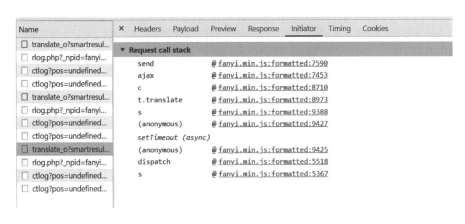

● 图 8-15　initiator

点开查看 JavaScript 文件，**使用搜索功能在文件中查找加密的字段**，可以看见参数加密的过程，说明文件并没用找错，这就是我们需要的 JavaScript 文件数据，如图 8-16 所示即是加密的代码。

```
8375            n(this).parent().find(".select-text").text(r),
8376            n(this).parent().find(".select-input").val(e)
8377        }
8378 }),
8379 define("newweb/common/service", ["./utils", "./md5", "./jquery-1.7"], function(e, t) {
8380     var n = e("./jquery-1.7");
8381     e("./utils");
8382     e("./md5");
8383     var r = function(e) {
8384        var t = n.md5(navigator.appVersion)
8385          , r = "" + (new Date).getTime()
8386          , i = r + parseInt(10 * Math.random(), 10);
8387        return {
8388            ts: r,
8389            bv: t,
8390            salt: i,
8391            sign: n.md5("fanyideskweb" + e + i + "Ygy_4c=r#e#4EX^NUGUc5")
8392        }
8393     };
8394     t.recordUpdate = function(e) {
8395        var t = e.i
8396          , i = r(t);
8397        n.ajax({
8398            type: "POST",
8399            contentType: "application/x-www-form-urlencoded; charset=UTF-8",
8400            url: "/bettertranslation"
```

sign　　　　　　　　　　　　　　　　　　　　　　　　　6 of 15　∧　∨　　Aa　.*　　Cancel

● 图 8-16　JavaScript 加密代码

▶▶ 8.3.3 通过 search 定位 JavaScript 文件

除了上述方法，还可以使用 search 方法查找 JavaScript 文件。

首先打开搜索功能，进入搜索界面，如图 8-17 所示。

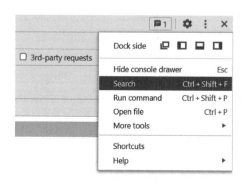

● 图 8-17　search 功能

然后直接输入加密字段进行搜索，就能够将含有加密字段的文件搜索出来，如图 8-18 所示。

● 图 8-18　搜索 JavaScript 文件

打开文件后首先对 JavaScript 文件进行格式化操作，这样更方便我们查看。之后如同 initiator 中一样，在找到的 JavaScript 文件中查找加密参数，若是发现有对参数进行加密的代码，说明需要的 JavaScript 文件已经成功找到，如图 8-19 所示。

● 图 8-19　找到 JavaScript 文件

补充一点：若是发现点击 Search 功能没有反应，则可以看一下左下角是否有搜索功能，你可能只是将**该页面隐藏在了左下方**，可以用鼠标将搜索页面拉出来，如图 8-20 所示。

● 图 8-20　左下角的搜索栏

▶▶ 8.3.4　通过元素绑定的事件监听函数定位 JavaScript 文件

首先通过指针选中翻译输入框，**定位到输入框对应的标签元素**，如图 8-21 所示。

```
<div id="inputOriginalCopy" class="input__original__area">people</div>
<textarea id="inputOriginal" dir="auto" class="input__original__area" placeholder="请输入你要翻译的文字或网址" style="font-size: 24px; line-height: 30px;
height: 156px; overflow: hidden;"></textarea> == $0
▶<div class="input__original__bar" style="visibility: visible;">…</div>
```

● 图 8-21　输入栏标签

然后在右方弹出的列表中选择事件监听。事件监听即是监听我们的操作，然后根据我们的操作进行互动，返回结果。这里包括了这个标签包含的所有事件监听程序，如图 8-22 所示。

● 图 8-22　事件监听器

通过分析，我们知道，当我们在输入框中输入需要翻译的单词时，就应该会发送请求返回翻译的结果，但在这之前也会触发需要的 JavaScript 文件来对参数进行加密，再将生成的加密参数加入 post 的数据提交列表中，完成请求操作。所以可以做出判断，需要的 JavaScript 文件在 input 中，如图 8-23 所示。

所以我们就能够找到需要的 JavaScript 文件。经过验证，这正是我们需要的 JavaScript 文件。

在获取了 JavaScript 文件后，还需要对文件进行分析和运行，由于爬虫程序一般由 Python 语言编写，所以人们常会将 JavaScript 代码转换为可在 Python 环境中执行的代码，便于解析和运行，所以

● 图 8-23　JavaScript 文件

接下来，我们来认识一下可以使 JavaScript 代码解析为 Python 代码的库 js2Py。

8.4　js2Py 库

js2Py 是一个 Python 库，用于将 JavaScript 代码转换为可在 Python 环境中执行的代码。它提供了一个 JavaScript 解析器，可以将 JavaScript 代码解析为 Python 代码，并使用 Python 解释器执行。

使用 js2Py 库，你可以在 Python 中调用 JavaScript 函数、执行 JavaScript 代码，并在 Python 环境中处理和操作 JavaScript 数据。它可以方便地在 Python 中使用与 JavaScript 相关的功能和库。需要注意的是，js2Py 的转换过程是近似的，并不保证所有 JavaScript 代码都能完全正确地转换为等效的 Python 代码。

8.4.1　js2Py 的作用

在之前，我们定位到 JavaScript 文件之后，需要分析 JavaScript 代码，以找出参数加密的方式，然后根据加密的逻辑写出对应的 Python 代码，来实现这样一个过程。

而若是用 js2Py 库，我们就不必自己编写加密代码这一过程，而是**直接在 Python 环境中来运行 JavaScript 代码**即可完成加密工作，减少工作量。

▶▶ 8.4.2　js2Py 的使用

我们来看看如何在 Python 环境中运行 JavaScript 代码。

这里有一段 **JavaScript 代码**：

```
function add(a,b){
    return a+b
}
```

我们知道这是一个 JavaScript 函数，功能就是计算 a+b 的值。功能虽然简单，但我们的目的是将这串代码在 Python 语言中运行。

Python 代码：

```
import js2py
py = js2py.eval_js("""
    function add(a,b){
        return a+b
        }
""")
print(py(1,6))
```

结果如图 8-24 所示：

通过使用 js2Py 库，我们就能够在 Python 环境中运行 JavaScript 代码。不需要将 JavaScript 代码用 Python 语言再写一遍。活用 js2Py 库，能够为我们解析 JavaScript 带来极大帮助。

> 7

● 图 8-24　运行结果

8.5　案例——翻译网站破解

▶▶ 8.5.1　案例目的

在学习英语时，我们难免会遇到不认识的单词，这时就需要使用翻译软件帮助我们进行翻译。于是我们每次都需要打开浏览器，进入翻译网站，再输入需要翻译的单词，最终获取结果。而我们此次的目的就是让程序来完成翻译这一件事，在程序中输入想要翻译的单词，获取翻译结果。

▶▶ 8.5.2　案例分析

首先我们进入网站，输入想要翻译的单词，这样服务器就会返回该单词翻译的结果数据包，我们就可以定位爬取的目的网址，图 8-25 所示为有道翻译网页。

● 图 8-25　目 的 网 页

然后我们就能够在网络中找到返回的数据包进行分析，图 8-26 所示即为请求的响应内容。

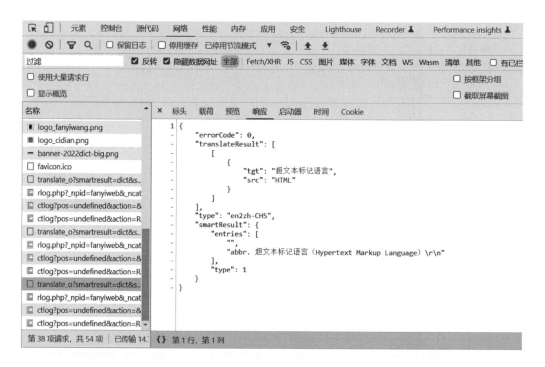

● 图 8-26　响 应 内 容

切换到标头栏，如图 8-27 所示，我们可以看到该数据包的请求网址和请求方法。该网址的请求方法为 post 方法。这意味着我们在对该网址发起请求时，还需要附带表单信息，不再是只需要 headers 信息就可以发起请求。

然后我们切换到载荷栏，就能够看到需要填写哪些表单数据了，如图 8-28 所示。但是仔细观察这些数据，我们会发现一些问题。其他数据看着都是正常的，但其中的 salt、sign、lts、bv

数据项是什么情况？这些看不懂的数据项是怎么来的？

● 图 8-27　post 请 求 方 式

● 图 8-28　加 密 参 数

其实这些数据是经过 JavaScript 代码处理自动生成的数据。

我们这次案例的重点就是找到生成这些数据的 JavaScript 代码，并进行分析，再使用 Python 语言破解这些参数，从而破解有道翻译。

▶▶ 8.5.3　案例实现

第一步：定位 JavaScript 文件。

在案例分析中，我们已经找到了需要访问的数据包，接下来我们就需要定位到进行参数加密的 JavaScript 文件。我们前面介绍了三种方法，接下来就来试一下吧，看看你能不能定位到需要的 JavaScript 文件。

- **方法一：initiator 方法。**

我们在数据包中点击启动器这一栏，可以看到许多选项，如图 8-29 所示。

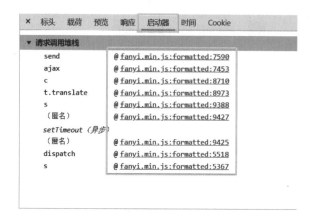

● 图 8-29　JavaScript 文件

仔细观察可以发现，这些都是同一个 JavaScript 文件，随便点击一个打开，如图 8-30 所示。然后按下快捷键 CTRL+F 进行搜索。我们选择参数 salt(随机选择，也可以选择其他参数) 进行搜索，通过简单观察参数所处的不同位置的代码，可以定位到方框所示位置，就是对参数进行加密的部分。

```
8376        n(this).parent().find(".select-input").val(e)
8377    }
8378 }),
8379 define("newweb/common/service", ["./utils", "./md5", "./jquery-1.7"], function(e, t) {
8380    var n = e("./jquery-1.7");
8381    e("./utils");
8382    e("./md5");
8383    var r = function(e) {
8384        var t = n.md5(navigator.appVersion)
8385          , r = "" + (new Date).getTime()
8386          , i = r + parseInt(10 * Math.random(), 10);
8387        return {
8388            ts: r,
8389            bv: t,
8390            salt: i,
8391            sign: n.md5("fanyideskweb" + e + i + "Ygy_4c=r#e#4EX^NUGUc5")
8392        }
8393    };
8394    t.recordUpdate = function(e) {
8395        var t = e.i
8396          , i = r(t);
8397        n.ajax({
8398            type: "POST",
8399            contentType: "application/x-www-form-urlencoded; charset=UTF-8",
8400            url: "/bettertranslation",
8401            data: {
8402                i: e.i,
8403                client: "fanyideskweb",
```

加密代码

搜索

salt　　　　　　　　　　　　　　　　❌ 5个(共12个) ⋀ ⋁　Aa .* 　取消

● 图 8-30　加密代码

- **方法二：search 方法。**

首先调出 search 功能，如图 8-31 所示。

- 图 8-31　开始搜索

然后输入参数进行搜索，也能够很快定位到需要的 JavaScript 文件，如图 8-32 所示。

- 图 8-32　文件定位

- **方法三：事件监听器方法。**

检查 HTML 元素，定位数据返回的标签，查看事件监听器，如图 8-33 所示。

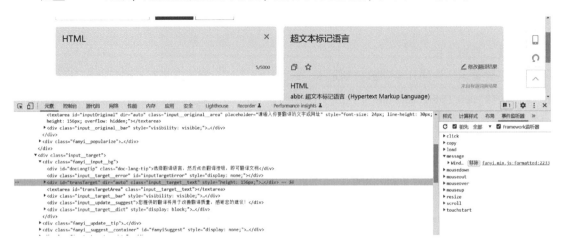

- 图 8-33　事件监听器

在事件监听器中，我们发现有 message 选项，打开发现这正是我们需要的 JavaScript 文件。

第二步：分析 JavaScript 文件。

在第一步中，我们已经找到了 JavaScript 文件中对参数进行加密的代码段。接下来我们就需要对该代码段进行分析。

我们设置一个断点，然后刷新网页，重新输入 HTML 进行翻译，如图 8-34 所示。

```
8383    var r = function(e) {
8384        var t = n.md5(navigator.appVersion)
8385            , r = "" + (new Date).getTime()
8386            , i = r + parseInt(10 * Math.random(), 10);
8387        return {
8388            ts: r,
8389            bv: t,
8390            salt: i,
8391            sign: n.md5("fanyideskweb" + e + i + "Ygy_4c=r#e#4EX^NUGUc5")
8392        }
```

● 图 8-34　设置断点

这时，再观察代码，如图 8-35 所示，一切都变得更加清晰了。

```
8382    e("./md5");
8383    var r = function(e) { e = "HTML\n"
8384        var t = n.md5(navigator.appVersion)   t = "f0819a82107e6150005e75ef5fddcc3b"
8385            , r = "" + (new Date).getTime()   r = "1659953588872"
8386            , i = r + parseInt(10 * Math.random(), 10);   i = "16599535888729"
8387        return {
8388            ts: r,   r = "1659953588872"
8389            bv: t,   t = "f0819a82107e6150005e75ef5fddcc3b"
8390            salt: i,   i = "16599535888729"
8391            sign: n.md5("fanyideskweb" + e + i + "Ygy_4c=r#e#4EX^NUGUc5")
8392        }
8393    };
8394    + recordUpdate = function(e) {
```

● 图 8-35　解析代码

第三步：破解参数。

其中需要重点关注的几个参数分别是 ts、bv、salt、sign，接下来将逐一进行介绍。

ts 由函数(new Date).getTime( )生成，这是一个生成时间戳的函数。通过对比 JavaScript 和 Python 生成时间戳的方法与结果，我们能够知道，在使用 Python 生成时间戳时需要对生成的时间戳进一步处理，如图 8-36 和图 8-37 所示。

```
> (new Date).getTime()
< 1659953821935
>
```

● 图 8-36　JavaScript 生成时间戳

```
print(time.time())
```

● 图 8-37　Python 生成时间戳

如图 8-38 所示，我们就使用 Python 语言将时间戳改成与 JavaScript 语言的时间戳一样的格式。由此我们完成了第一个参数的破解。

```
ts = str(int(time.time() * 1000))
```

● 图 8-38　获取 ts 参数

bv 由 n.md5(navigator.appVersion) 方法生成，md5 是一种定义好的加密算法，Python 中封装有这样一个算法，所以不需要我们特别关心。

而 navigator.appVersion 其实就是浏览器的版本信息，如图 8-39 所示。

```
> navigator.appVersion
< '5.0 (Windows NT 10.0; Win64; x64) AppleWebKit/537.36 (KHTML, like Gecko) Chrome/103.0.0.0 Safari/537.36'
```

● 图 8-39　浏览器的版本信息

因为浏览器的版本不会发生变化，所以我们在设置 bv 参数时，不需要调用 md5 算法对这个字符串进行加密，直接使用加密后的字符串就可以了，如图 8-40 所示。

```
bv = "f0819a82107e6150005e75ef5fddcc3b
```

● 图 8-40　获取 bv 参数

parseInt(10 * Math.random(), 10) 的功能是生成一个 0 到 9 的随机数，然后加在参数 ts 最后构成参数 salt，如图 8-41 所示。所以我们可以使用 Python 的函数生成一个随机数，然后结合参数 ts 构成参数 salt。

```
salt = ts + str(random.randint(0, 9))
```

● 图 8-41　获取 salt 参数

sign 也由 md5 算法生成，而其中的变量 e 是待翻译的单词，变量 i 是就是参数 salt。所以我们也很容易得到最后一个加密参数 sign，利用 md5 加密算法，对字符串 temp_str 进行加密，这里的 word 变量是待翻译的单词，如图 8-42 所示。

```
temp_str = "fanyideskweb" + word + salt + "Ygy_4c=r#e#4EX^NUGUc5"
md5 = hashlib.md5()

md5.update(temp_str.encode())
sign = md5.hexdigest()
```

● 图 8-42　获取 sign 参数

由此，需要破解的四个参数都破解了，接下来我们就开始第四步。

第四步：完善代码。

首先我们需要设置基本的数据：待翻译的单词 word、数据包的网址 URL 和请求头基本数据 headers，如图 8-43 所示。

```
url ="翻译网站网址"
header
"User- Agent": "Mozilla/5.0 (Windows NT 10.0; Win64; x64) AppLelWebKit/537.36 (KhTML, Like Gecko) Chrome/103.0.0.0 Safar1/537.36",
"Cookie": "OUTFOX_ SEARCH USER_ ID=-1759520848@10.110. 96.153; OUTFOX_ SEARCH_ USER_ ID NCOO=2143744438。9254062;_-- rl_ test__ cookies=1
"Referer": "http://fanv1.voudao 。com/"
```

● 图 8-43　设置基本数据

然后完善表单数据。先定义一个空表单 data，然后将已破解的参数加入表单中，同时也不要忘记将正确的参数加入到表单 data 中，如图 8-44 所示。

```
data = {
    "i": word,
    "from": "AUTO",
    "to": "AUTO",
    "smartresult": "dict",
    "client": "fanyideskweb",
    "salt": salt,
    "sign": sign,
    "ts": ts,
    "bv": "f0819a82107e6150005e75ef5fddcc3b",
    "doctype": "json",
    "version": "2.1",
    "keyfrom": "fanyi.web",
    "action": "FY_BY_REALTIME"
}
```

● 图 8-44　设置表单数据

完成数据的设置之后，我们就可以访问获取数据了。构建 post 请求，获取返回的 json 数据，如图 8-45 和图 8-46 所示。

```
response = requests.post(url, headers=headers, data=data)
resp = response.json()
```

● 图 8-45　获取 json 数据代码

```
HTML
{'errorCode': 日, 'translateResult': [[{'tgt': '超文本标记语言, src': 'hTML'}]],
```

● 图 8-46　获取 json 数据

然后就可以根据 json 数据的层级关系，获取主要的数据，即单词翻译的结果，如图 8-47 和图 8-48 所示。

```
result1 = resp["translateResult"][0][0]["tgt"]
result2 = resp["smartResult"]["entries"][1]
print(result1)
print(result2)
```

● 图 8-47　打印代码

```
超文本标记语言
abbr.超文本标记语言(Hypertext Markup Language)
```

● 图 8-48　提取翻译数据

最后，为了提升翻译效率，可以加一个循环，重复输入单词进行翻译。而不再需要重新运行才能输入单词进行翻译。

下面是通过 Python 破解有道翻译的完整代码。

```python
import time
import random
import hashlib
import requests
while(True):
    word = input()
    url = "翻译网站网址"
    headers = {
        "User-Agent": "Mozilla/5.0 (Windows NT 10.0; Win64;
```

```
                    x64)AppleWebKit/537.36 (KHTML, like Gecko) Chrome/10
                    3.0.0.0 Safari/537.36",           "Cookie": "OUTFO
                    X_SEARCH_USER_ID=-1759520848@10.110.96.153; OUTFOX_SEARCH
                    _USER_ID_NCOO=2143744438.9254062;  ___rl__test__cookies=16
                    59880489682",           "Referer": "跳转网址"
                    }
data = {}
ts = str(int(time.time() * 1000))
salt = ts + str(random.randint(0, 9))
temp_str = "fanyideskweb" + word + salt + "Ygy_4c=r#e
          #4EX^NUGUc"
md5 = hashlib.md5()
md5.update(temp_str.encode())
sign = md5.hexdigest()
data = {
    "i": word,
    "from": "AUTO",
    "to": "AUTO",
    "smartresult": "dict",
    "client": "fanyideskweb",
    "salt": salt,
    "sign": sign,
    "ts": ts,
    "bv": "f0819a82107e6150005e75ef5fddcc3b",
    "doctype": "json",
    "version": "2.1",
    "keyfrom": "fanyi.web",
    "action": "FY_BY_REALTlME"
}
response = requests.post(url, headers=headers, data=data)
resp = response.json()
result1 = resp["translateResult"][0][0]["tgt"]
result2 = resp["smartResult"]["entries"][1]
print(result1)
print(result2)
```

8.6 本章小结

读者需要知道，发起请求的方式不只有常用的 get 方式，还有一种称为 post 请求的方式。post 请求要求我们提交一个表单信息，登录和翻译就是使用 post 请求，因为需要提交账号或翻译单词。

由此就遇到了一个问题：post 请求提交的参数中有些是需要加密的，这就需要我们在网站中找到对参数进行加密的 JavaScript 文件。常见的定位 JavaScript 文件的方法有三种，分别是 initiator 方式、search 方式和通过元素绑定的事件监听函数方式。虽然说着比较简单，但这需要我们先对前端的知识有个大致的了解，才能快速找到需要的 JavaScript 文件。此外，还可以使用 js2Py 库来帮助我们解析 JavaScript 文件。

第9章

▶▶▶▶▶▶▶

文本混淆反爬虫

本章思维导图

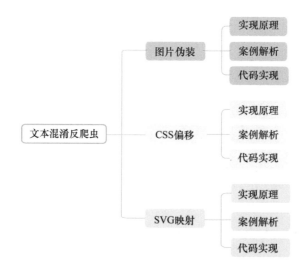

本章知识点：

- 文本混淆通过各种技术使得代码中的内容与网页实际展现的内容不同，遇到这种情况时需要具体分析网站使用的是哪一种技术。
- 图片伪装技术使用图片来展现内容，这种情况我们需要使用图片识别技术来获取图片中的文本信息。

CSS 偏移技术，通过 CSS 代码移动标签的位置，从而对标签数据重新排列或覆盖标签内容，在网页上呈现与代码不同的数据。

SVG 映射技术结合 CSS 代码，将 SVG 图中的数据展现在网页上，而 HTML 代码中只有标签所属的类，没有网站中显示的数据。所以爬虫也不能直接从代码中获取数据。

　　文本混淆技术是一种常见的反爬虫手段，它的目的是防止爬虫程序获取网站中的文本数据，从而保护网站的版权和数据安全。文本混淆技术有多种实现方式，本章将介绍三种典型的方法：图片伪装、CSS 偏移和 SVG 映射。图片伪装技术是一种将文本转换为图片的方法，通过将部分文本转换为图片，可以有效地阻止爬虫程序直接获取网页中完整的文本数据。CSS 偏移技术是一种利用 CSS 样式属性来改变文本位置的方法，可以有效地防止爬虫程序从网页源代码中直接获取正确的文本数据。SVG 映射技术是一种利用 SVG 图形来显示文本的方法，它同样也可以有效地防止爬虫程序从网页源代码中直接获取完整的文本数据。

　　以上三种方法都是利用了人类视觉和机器识别的差异，使得人类可以看到清晰的文本，而爬虫程序却无法识别出正确的文本内容，从而实现反爬的目的。本章将分别介绍这三种方法的原理、实现和优缺点，并给出相应的爬虫破解方案，帮助读者掌握应对文本混淆技术的方法。

9.1　图片伪装反爬虫

　　图片伪装反爬虫技术的主要作用和意义在于防止自动化爬虫程序直接获取网站数据。通过将文本信息以图片的形式呈现，网站可以有效地阻止爬虫程序直接提取文本内容，提高数据的安全性和隐私性。举个例子，一个在线学习平台使用图片伪装反爬虫技术来显示教程的文字内容，这样人类可以正常阅读，但是爬虫程序无法直接获取文字内容，从而保护了教程内容的独特性和商业价值。这种技术为网站提供了保护知识产权、防止盗版和维护数据安全的手段。

▶▶ 9.1.1　实现原理

　　什么是图片伪装反爬虫技术呢？图片伪装反爬虫的本质就是**用图片呈现文本内容**，从而让爬虫程序无法正常获取。这种混淆方式并不会影响用户阅读，但是可以让爬虫程序无法获得"所见"的文字内容。

　　这种技术是将文字信息以图片的方式呈现给用户，即你在浏览器上看到的文字或者数字等信息，其实是由一张图片呈现出来的，而不是文本。网站若是使用这种技术来伪装数据，那么爬虫在网站的网页源代码里将找不到想要的数据，它们只能获取图片，而无法直接获取数据。这就是图片伪装反爬虫，**将带有文字的图片与正常文字混合在一起，以达到"鱼目混珠"的效果**。这种混淆方式能够有效防止爬虫获取网页上的数据信息，同时不会影响正常用户在网站上的体验。

对于这种反爬技术，爬虫应该如何破解呢？答案很简单，既然我们在代码里找不到想要的文字，那么可以直接获取网站显示的图片，之后用 OCR 等识别技术来识别图片里面的文字或者数字即可。

▶▶ 9.1.2　**图片伪装的案例**

下面我们就来看一看图片伪装反爬虫的实例，真正感受一下什么是图片伪装技术。图 9-1 所示是我们将要爬取数据的网站。

● 图 9-1　图片伪装网站

我们这次的目的是将网页中的电话数据爬取出来。打开网站，我们会发现电话一栏显示的数据是一串数字，我们肉眼可以轻松识别出该数据的具体信息。但在按下鼠标时，会发现该数据与其他数据不同。该数据呈现整体移动现象，**无法选中这一串数字**。而对于其他数据，如图 9-2 所示电话下面的网址信息，我们就能够选中并进行复制等操作。

● 图 9-2　图片伪装技术

此时,我们进入开发者模式查看源代码,如图 9-3 所示,来检查该数据。我们看到的数字其实是一张图片,打开该图片就是我们需要的数据了,如图 9-4 所示。

```
▼<tbody>
  ▼<tr>
      <td>电话</td>
    ▼<td>
        <img src="phonenumber.png" class="pn"> == $0
      </td>
    </tr>
  </tr>
```

400-88888888

● 图 9-3　目的网站源代码　　　　　　　　　● 图 9-4　伪装图片

▶▶ 9.1.3　代码实现——破解图片伪装反爬虫

了解了目标网站中的数据形式,我们知道了想要的数字数据是以图片的形式存在的,这时我们就可以针对该数据来设计爬虫以获取对应的数据了。

第一步:我们需要先成功访问到该网站,这是我们爬虫的第一步,只有成功访问到该网站,我们才能做之后的事情。

代码:

```
url = "http://www.porters.vip/confusion/recruit.html"
header = {
"User-Agent": "Mozilla/5.0 (Windows NT 10.0; Win64; x64)
AppleWebKit/537.36 (KHTML, like Gecko) Chrome/94.0.4606.81
Safari/537.36"
}
resp = requests.get(url=url, headers=header)
html = resp.text
print(html)
```

结果如图 9-5 所示。

```
<tr>
    <td>网址</td>
    <td>www.liningsport.com.cn</td>
</tr>
```

● 图 9-5　获取网页源代码

设计代码成功访问目标网站,并且在返回的网页源代码中找到了目标数据。接下来我们就能进行第二步了。

第二步：这一步我们的目的是获取数据图片的 **URL 链接**。

使用 **BeautifulSoup** 模块将上一步得到的 **HTML** 字符串转换成一个 **HTML** 形式的代码，然后就可以**使用 HTML 语法迅速定位目标数据**了。

将网址前缀与得到的数据图片的 URL 链接拼接，我们就得到了目标数据的网址。

代码：

```
soup = BeautifulSoup(html,"lxml")
img = soup.img["src"]
img_url = "http://www.porters.vip/confusion/" + img
print(img_url)
```

结果如图 **9-6** 所示。

http://www.porters.vip/confusion/phonenumber.png

● 图 9-6 获取伪装的图片

第三步：我们需要**使用光学字符识别技术，将图片中的数据转换为文本形式**，从而获取数字数据。这里我们**使用 pytesseract 库来处理图片数据（pytesseract 的安装及环境配置见章末）**。先使用 Image 模块将得到的图片数据转换为字节流，然后使用 pytesseract 模块识别该图片并输出。

代码：

```
img_data = requests.get(img_url).content
img_stream = Image.open(io.BytesIO(img_data))
print(pytesseract.image_to_string(img_stream, lang='eng'))
```

结果：**400-88888888**

完整代码：

```
import re
import requests from bs4
import BeautifulSoup from PIL
import Image
import io import pytesseract
url = "http://www.porters.vip/confusion/recruit.html"
header = {
"User-Agent": "Mozilla/5.0 (Windows NT 10.0; Win64; x64)
AppleWebKit/537.36 (KHTML, like Gecko) Chrome/94.0.4606.81 Safari/537.36"
}
resp = requests.get(url=url, headers=header)
```

```
html = resp.text soup = BeautifulSoup(html,"lxml")
img = soup.img["src"]
img_url = "http://www.porters.vip/confusion/" + img
img_data = requests.get(img_url).content
img_stream = Image.open(io.BytesIO(img_data))
print(pytesseract.image_to_string(img_stream, lang='eng'))
```

9.2 CSS 偏移反爬虫

CSS 偏移反爬虫技术的主要作用和意义在于通过修改 CSS 样式，打乱文本排版顺序，使得网页源代码中的信息与浏览器上显示的信息不一致，从而防止爬虫程序准确获取数据。这种技术为网站提供了保护价格信息、避免价格竞争情报泄露和维护商业竞争力的手段。

▶▶ 9.2.1 实现原理

在某些网站，我们可能会遇到 CSS 反爬虫，在源代码中的数据是混乱的，而呈现在网页上的数据却是人们正常阅读的顺序。

这种网站就是**应用了前端的 CSS 技术，即通过修改 CSS 样式，从而修改网页呈现的格式，进而改变代码数据在网页上的呈现状态**。该技术能够通过打乱文字的排版顺序使得网页源代码中的信息与浏览器显示的信息不一致，从而达到反爬虫的效果。例如，在某机票出售网站的网页上显示的机票价格为 450 元，而使用爬虫则会得到 540 元的信息。这是因为网站使用了 CSS 偏移技术，使爬虫爬取到的信息是错误的、没有价值的。

▶▶ 9.2.2 CSS 偏移反爬虫案例

让我们通过实际案例来亲身体会一下什么是 CSS 偏移技术，以及它是怎样处理数据，让代码中混乱的数据在网页中正常显示的。

在图 9-7 所示的网站中，**飞机票价格显示就使用了 CSS 偏移技术**。

在开发者工具中，我们定位到第一个价格的代码，**在网页上显示的数字为 467，如图 9-8 所示，而在源代码中的数据为 7、7、7、6、4**。按我们的理解，页面显示的数据应该为 77764 才对，怎么在网页上显示为 467 呢？

其实我们通过观察图 9-9 所示源代码数据的标签属性就可以找到原因了。在第一个<b>标签中，width 属性值为 48px；而其中的 3 个<i>标签的 width 属性值为 16px，宽度和为 48px，这样就形成了图 9-10 所示的情况。

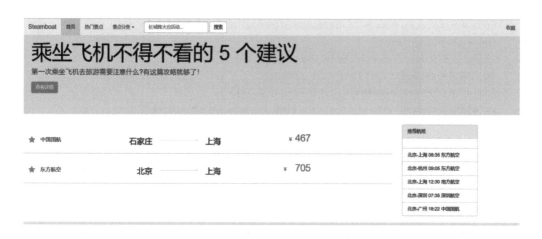

● 图 9-7　CSS 偏移案例网站

¥ 467

● 图 9-8　机票价格

```
▼<span class="fix_price">
  ▼<span class="prc_wp" style="width:48px">
    ▼<em class="rel"> == $0
      ▼<b style="width:48px;left:-48px">
          <i style="width: 16px;">7</i>
          <i style="width: 16px;">7</i>
          <i style="width: 16px;">7</i>
        </b>
        <b style="width: 16px;left:-32px">6</b>
        <b style="width: 16px;left:-48px">4</b>
      </em>
  </span>
```

● 图 9-9　源代码显示的数据

● 图 9-10　基本数据

而后面还有 2 个\<b\>标签，width 值也为 16px，若无其他情况，网页显示应该为图 9-11 所示。

● 图 9-11　正常情况下的数据

但由于第二个\<b\>标签还有属性 left，其值为−32px，所以数字 6 就向左平移了 32 个像素，到达了第二个 7 的位置，覆盖了原本的数字 7，如图 9-12 所示。

● 图 9-12　覆盖之前的数据 1

同理，第三个\<b\>标签向左平移 48 个像素，到达了第一个 7 的位置，覆盖了原本的数字 7，就形成了我们在网页上看见的数字 467 了，如图 9-13 所示。

● 图 9-13　覆盖之前的数据 2

如果修改网页的 CSS 代码，**删除对数据进行修饰的语句，就可以发现**，原本前端界面的数**字数据确实是 77764**，只是因为有了 **CSS 修饰语句**，才使得显示的数据为 **467**。图 9-14 所示为修改后的源代码，图 9-15 所示为修改后的效果图。

```
▼<span> == $0
  ▼<span class="prc_wp" style="width:100px">
    ▼<em class="rel">
      ▼<b style="width:100px;left:-48px">
          <i style="width: 16px;">7</i>
          <i style="width: 16px;">7</i>
          <i style="width: 16px;">7</i>
        </b>
        <b style="width: 16px">6</b>
        <b style="width: 16px">4</b>
      </em>
    </span>
</span>
```

● 图 9-14　删除修饰语句

¥ 7 7 7 6 4

● 图 9-15   删除修饰语句后网页显示的数据

▶▶ 9.2.3   代码实现——破解 CSS 偏移反爬虫

了解了 CSS 偏移反爬虫的原理之后，现在我们就来尝试破解 CSS 偏移技术反爬虫，通过爬虫来实现获取机票的价格数据 467，而不是得到一串无意义的字符串 77764。

第一步：先成功访问到网站。

代码：

```
url = "http://www.porters.vip/confusion/flight.html"
headers = {
"User-Agent": "Mozilla/5.0 (Windows NT 10.0; Win64; x64)
AppleWebKit/537.36 (KHTML, like Gecko) Chrome/94.0.4606.81 Safari/537.36"
}
resp = requests.get(url,headers).text
print(resp)
```

结果如图 9-16 所示。

```
<em class="reL">
    <b styLe="width:48px;Left: - 48px">
        <i styLe="width: 16px;">7</i>
        <i styLe="width: 16px;">7</i>
        <i styLe="width: 16px;">7</i>
    </b>
    <b styLe="width: 16px;left: -32px">6</b>
    <b styLe="width: 16px;Left: -48px">4</b>
</em>
```

● 图 9-16   网页源代码

成功访问网站，获取上述网页源代码。

第二步：在获取到的网页源代码中提取出我们需要的代码段，例如图 9-16 所显示的内容。

代码：

```
sel = Selector(resp)
em = sel.css("em.rel").extract_first()
em = Selector(em) em_b = em.css("b").extract()
em_i = Selector(em_b.pop(0))
base = em_i.css("i::text").extract()
print(base)
```

结果如图 **9-17** 所示。

$$['7', '7', '7']$$

● 图 9-17　获取第一个<b>标签数据

这里我们使用 selector 模块将获取的源代码字符串格式化为 HTML 格式，生成一个选择器，再通过 CSS 的语法对代码中的内容进行提取。由网页源代码可知，我们需要的数据在标签<em>中，而且所属的 class 类为 rel，由此我们就可以获取相应的代码段。之后我们再将获取到的代码段进行提取。通过获取到的代码段，重复之前的提取操作，就能轻易地获取 3 个<b>标签的内容。

再观察网页源代码，可以发现**第一个<b>标签中有 3 个<i>标签，而之后的两个<b>的内容分别只有一个数字**，所以我们需要对第一个<b>标签进行特殊处理。将返回的<b>标签列表中的第一个子元素输出，返回一个新的选择器，通过同样的 CSS 提取方法，我们就能够获得第一个<b>标签中的 3 个<i>标签的数据，分别是 7、7、7。

第三步：在这一步中，我们就需要对另外两个<b>标签中的内容进行处理了，也正是将这两个标签中的内容进行偏移，才使得网页显示的内容与源代码中的内容不符。

首先建立一个列表 css_price，用来存放之后获取的数据以及数据偏移的位置，再通过遍历剩下的<b>标签，分别获取每一个偏移数据及其位置。

我们还是使用之前提取数据的方法，将标签的属性 style 和值 pri 提取出来。对于属性 style，可以使用正则表达式来精准提取数据的偏移量 pos，由于获取的 pos 是一个字符串，我们还需要将该字符串转换为整型数据。通过源代码我们知道，数据的宽度都为 16px，数据偏移的像素也为 16 的倍数，所以，将得到的 pos 除以 16 就能够得到数据的偏移量。**注意：这里得到的数据不需要特意转换成整数，因为正负已经表明了数据的偏移方向，我们的列表也可以由负数来定位元素**。

得到每一个偏移的数据及其偏移量之后，我们再将其生成一个字典，存储在之前创建的列表 css_prise 中。最后通过循环遍历，用偏移数据将原本的 base 列表中的数据替换，就能够得到网站上显示的正确数据 467 了。

代码：

```
css_price = []
for item in em_b:
    item = Selector(item)
    style = item.css("b::attr('style')").extract()
```

```
        pos = re.findall(r"left:(.*?)px",style[0])[0]
        pos = int(pos)
        pos = int(pos/16)
        pri = item.css("b::text").extract()[0]
        css_prise.append({"pos":pos,"pri":pri})
    for item in css_price:
        index = item["pos"]
        prise = item["pri"]
        base[index] = price
    print(base)
```

结果如图 **9-18** 所示。

$$['4','6','7']$$

● 图 9-18　爬取到的飞机票价格

完整代码：

```
#导入正则表达式模块
import re
#导入请求模块
import requests
#导入解析模块
from parsel
import Selector
#定义目标网址
url = "http://www.porters.vip/confusion/flight.html"
#定义请求头
headers = {
"User-Agent": "Mozilla/5.0 (Windows NT 10.0; Win64; x64) AppleWebKit/537.3 6 (KHTML,
like Gecko) Chrome/94.0.4606.81 Safari/537.36"
}
#发送请求并获取响应文本
resp = requests.get(url,headers).text
#创建选择器对象
sel = Selector(resp)
#选择包含价格信息的 em 标签
em = sel.css("em.rel").extract_first()
```

```
#创建 em 标签的选择器对象
em = Selector(em)
#选择 em 标签下的所有 b 标签
em_b = em.css("b").extract()
#取出第一个 b 标签,即基准价格的标签
em_i = Selector(em_b.pop(0))
#获取基准价格的文本列表
base = em_i.css("i::text").extract()
print(base)
#定义一个空列表,用于存储 css 混淆后的价格信息
css_prise = []
#遍历剩余的 b 标签,即 css 混淆后的价格信息的标签
for item in em_b:
    #创建 b 标签的选择器对象
    item = Selector(item)
    #获取 b 标签的 style 属性,即类似于"left:-32px"的字符串
    style = item.css("b::attr('style')").extract()
    #用正则表达式提取 style 属性中的数字,即-32
    pos = re.findall(r"left:(.*?)px",style[0])[0]
    #将数字转换为整型
    pos = int(pos)
    #将数字除以 16,得到 css 混淆后的价格在列表中的位置
    pos = int(pos/16)
    #获取 b 标签的文本,即 css 混淆后的价格信息,如'8'
    pri = item.css("b::text").extract()[0]
    #将位置索引和价格信息组成字典,如{"pos":-2,"pri":'8'}
    css_prise.append({"pos":pos,"pri":pri})
    #遍历 css 混淆后的价格信息列表
    for item in css_prise:
    #获取位置索引,如-2
    index = item["pos"]
    #获取价格信息,如'8'
    prise = item["pri"]
    #用价格信息替换基准价格列表中对应位置的元素
    base[index] = prise
    #打印最终的价格列表
print(base)
```

9.3 SVG 映射反爬虫

SVG 映射反爬虫技术的主要作用和意义在于利用矢量图形格式 SVG，在放大图形时不失真，通过特定的编码与字体映射，使得网页上的文本信息呈现为图形。这样做既保护了数据的隐私性，又防止了爬虫程序直接提取文本内容。比如，在一个在线验证码系统中，验证码文本被转换成 SVG 图形，这样用户可以看到清晰的验证码，但是爬虫程序无法直接读取验证码文本，从而增加了系统的安全性，防止了机器人攻击。这种技术为网站提供了保护用户隐私、防止恶意攻击和提高系统安全性的手段。

9.3.1 什么是 SVG 映射

SVG 是一种矢量图形格式，所以在放大图形时不会出现任何降低或丢失保真度的情况。它只是重新绘制以适应更大的尺寸，这使得它非常适合多语境场景，例如响应式 Web 设计。通过特定的编码与字体一一映射，用户不需下载该自定义字体，字体就能在页面上显示出来，这种混淆方式也不会影响用户阅读，只是在网页源代码中出现乱码的情况，进而达到反爬虫的效果。

使用 SVG 图，我们可以组合不同的形状、路径和文本元素来创建各种视觉效果，并确保它们在任何尺寸大小下看起来都十分清晰。相比之下，JPG 和 PNG 具有固定的尺寸，这使得它们在缩放时会像素化。

例如：将在正常情况下的 SVG 图放大之后，SVG 图并没有像其他图片一样失真，而是依旧保持原本的样貌，依旧清晰可见，甚至放大之后感觉图像的细节更加清楚了，图 9-19 所示为正常的 SVG 图，图 9-20 所示为放大的 SVG 图。

```
1 5 4 6 6 9 1 3 6 4 9 7 9 7 5 1 6 7 4 7 9 8 2 5 3 8 3 9 9 6 3 1 3 9 2 5 7 2 0 5 7 3

5 6 0 8 6 2 4 6 2 8 0 5 2 0 4 7 5 5 4 3 7 5 7 1 1 2 1 4 3 7 4 5 8 5 2 4 9 8 5 0 1 7

6 7 1 2 6 0 7 8 1 1 0 4 0 9 6 6 6 3 0 0 0 8 9 2 3 2 8 4 4 0 4 8 9 2 3 9 1 8 5 9 2 3

6 8 4 4 3 1 0 8 1 1 3 9 5 0 2 7 9 6 8 0 7 3 8 2
```

● 图 9-19　正常的 SVG 图

还有很重要的一点就是，SVG 是完全可编辑、可脚本编写的，这意味着**可以通过 CSS 或**

JavaScript 将各种动画和交互添加到绘图中，方便我们使用代码来对 SVG 图进行各种个性化的操作。

$$1\ 5\ 4\ 6\ 6\ 9\ 1\ 3\ 6\ 4\ 9\ 7\ 9\ 7\ 5\ 1\ 6\ 7\ 4\ 7\ 9$$

$$5\ 6\ 0\ 8\ 6\ 2\ 4\ 6\ 2\ 8\ 0\ 5\ 2\ 0\ 4\ 7\ 5\ 5\ 4\ 3\ 7$$

$$6\ 7\ 1\ 2\ 6\ 0\ 7\ 8\ 1\ 1\ 0\ 4\ 0\ 9\ 6\ 6\ 3\ 0\ 0\ 0$$

● 图 9-20　放大后的 SVG 图

▶▶ 9.3.2　SVG 图反爬原理

SVG 图实现反爬的原理是将文本信息转换为 SVG 图形的一部分，结合矢量性质、字体映射、路径定义和图形复杂化，使得文本信息在图形中被巧妙地隐藏，从而增加爬虫解析的难度。

SVG 图在实际网站中具体是如何实现反爬的呢？接下来我们就一起来看一看吧。打开网站 http://www.porters.vip/confusion/food.htm，如图 9-21 所示。

● 图 9-21　目的网站

直接观察，我们可能无法发现这个网站有什么不同，但是使用鼠标选择网站中的内容，就会发现些许不同。

如图 9-22 所示，我们发现有的数字不能选中，这是为什么呢？

● 图 9-22　网站中不同的数据

进入开发者模式，选中其中任意一个无法选中的数字，发现源代码中并没有我们想象中的数字，甚至选中的标签中什么内容都没有。这是怎么回事呢？**既没有相应的数字，也没有我们前面所说的用图片来代替数据**，唯一有嫌疑的就是标签中的 class 类了。图 9-23 为网页源代码。

```
"电话："
<d class="vhkbvu"></d>
<d class="vhk08k"></d>
<d class="vhk08k"></d>
<d class>-</d>
<d class="vhk84t"></d>
<d class="vhk6zl"></d>
<d class="vhkqsc"></d>
<d class="vhkqsc"></d> == $0
<d class="vhk6zl"></d>
```

● 图 9-23　网页源代码

通过查看该标签的属性，我们可以发现，有一张名为 food.svg 的 SVG 图，还有标签所属的类 vhkqsc，如图 9-24 所示。

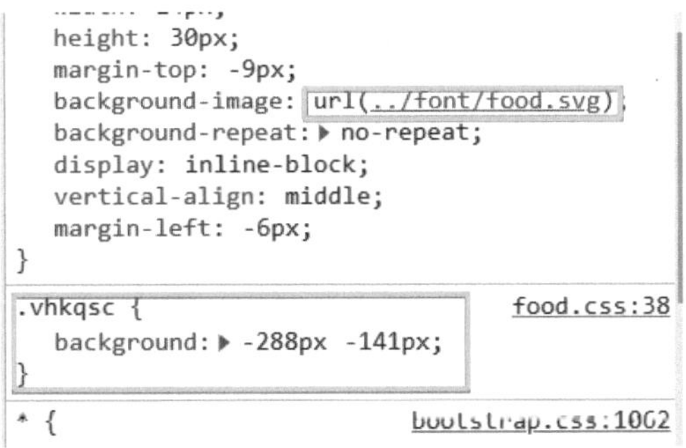

```
height: 30px;
margin-top: -9px;
background-image: url(../font/food.svg);
background-repeat: ▶ no-repeat;
display: inline-block;
vertical-align: middle;
margin-left: -6px;
}
```

```
.vhkqsc {                           food.css:38
    background: ▶ -288px -141px;
}
```

```
* {                               bootstrap.css:1062
```

● 图 9-24　SVG 图和标签所属类

单击 food.svg 的链接，可以得到一张全是数字的 SVG 图，如图 9-25 所示。这时可以猜测，网站中的一些数字都是由这一张图得来的。

1 5 4 6 6 9 1 3 6 4 9 7 9 7 5 1 6 7 4 7 9 8 2 5 3 8 3 9 9 6 3 1 3 9 2 5 7 2 0 5 7 3

5 6 0 8 6 2 4 6 2 8 0 5 2 0 4 7 5 5 4 3 7 5 7 1 1 2 1 4 3 7 4 5 8 5 2 4 9 8 5 0 1 7

6 7 1 2 6 0 7 8 1 1 0 4 0 9 6 6 6 3 0 0 0 8 9 2 3 2 8 4 4 0 4 8 9 2 3 9 1 8 5 9 2 3

6 8 4 4 3 1 0 8 1 1 3 9 5 0 2 7 9 6 8 0 7 3 8 2

● 图 9-25　SVG 图的信息

查看图 9-24 中类 vhkqsc 中的 HTML 代码，也可以做出判断，该标签之所以会呈现一个数字，就是通过定位，将 SVG 图上的一个位置的数值映射到网页上，呈现一个我们在网页上能够看得见的数字。

▶▶ 9.3.3　代码实现——破解 SVG 映射反爬虫

通过上面的分析，我们知道了网站中显示的数据是根据标签所属的类和 SVG 图来确定的。所以，为了确定标签所代表的数据，我们需要获取该标签所属的类、所属类的具体代码(即控制标签样式的 CSS 代码)和 SVG 图。接下来我们就一步步获取上述数据，实现破解 SVG 映射反爬虫。

第一步：我们需要获取必要的数据。标签所属的类获取方法很简单，直接在网页源代码中就可以获取。而 CSS 代码和 SVG 则可从图 9-24 所示位置找到。

如此便得到了必要数据的具体信息或地址。

代码：

```
name = "vhkbvu"
svg = "http://www.porters.vip/confusion/font/food.svg"
css = "http://www.porters.vip/confusion/css/food.css"
```

第二步：我们需要获取 SVG 图的数据，并进行分析，得出 SVG 图的数据，以便后续进行定位，获取映射的数字数据。

代码：

```
svg_data = requests.get(svg).text
print(svg_data)
base_svg = re.findall(r'y="(.*?)">(.*?)</text>',svg_data)
print(base_svg)
real_svg = {}
for item in base_svg:
    real_svg[item[0]] = item[1]
print(real_svg)
```

结果如图 9-26～图 9-28 所示。

```
<text x="14 28 42 56 70 ...... 2086 2100" y="38">15466913649797516747982538399631392572057 3</text>
<text x="14 28 42 56 70 ...... 2086 2100" y="83">560862462805204755437571121437458524985017</text>
<text x="14 28 42 56 70 ...... 2086 2100" y="120">671260781104096663000892328440489239185923</text>
<text x="14 28 42 56 70 ...... 2086 2100" y="164">68443108113950279680738 2</text>
```

● 图 9-26 SVG 数据

[('38', '15466913649797516747982538399631392572057 3'), ('83', '560862462805204755437571121 437458524985017')

● 图 9-27 获取 SVG 数据

{'38': '15466913649797516747982538399631392572872 8573'. '83' :'56086246288520475543757112143745852498 5817'

● 图 9-28 SVG 数据转换为字典

我们首先得到 SVG 的源代码，分析可知，每一个<text>标签前方的 x 和 y 数据与标签中的每一个数字数据相对应，代表了该数据的位置。由此我们可以将标签内容及其 y 坐标提取出来生成 base_svg，从而得到每一行的位置坐标及其数据。再将得到的 base_svg 转换，生成一个字典类型的数据，之后我们就能够通过字典结构迅速找到标签对应的数据了。

第三步：在这一步中，我们需要解析 CSS 文件，找到标签所属类对应的位置，通过定位来确定标签对应的数字数据。

代码：

```
css_data = requests.get(css).text.replace("\n","").replace(" ","")
print(css_data)
str = ".%s{background: -(\d)px -(\d)px;}"%name
par = re.compile(".%s{background:-(\d+)px-(\d+)px;}"%name)
add = re.findall(par,css_data)
print(add) x = int((int(add[0][0])-6)/14)
y = int(add[0][1])+23
print(x,y)
print(real_svg["%d"%y][x])
```

结果如图 9-29~图 9-31 所示。

```
#tips{color:#c72222;}d[class^="vhk"]{width:14px;height:3epx;margin-top: -9px ;b
```

● 图 9-29　CSS 数据

```
[('386', '97')]
27 120
```

4

● 图 9-30　定位数据的位置　　　● 图 9-31　定位的具体数据

我们首先访问 CSS 文件，获取 CSS 文件的代码。之后还需要对获取的 CSS 代码进行处理，去掉其中的换行符和空格，方便之后使用正则表达式来获取 SVG 图映射的定位。

```
.vhkbvu {
  background: -386px -97px;
}
```

● 图 9-32　CSS 定位

获取标签所属类的内容 add 之后，还需要分析 CSS 文件和 SVG 文件，找出 background 属性与 SVG 数字坐标的对应关系，图 9-32 所示为 CSS 定位，图 9-33 所示为 SVG 定位。

<text x="14 28 42 56 70 84 98 112 126 140 154 168 182 196 210 224 238 252 266 280 294 308 322 336 350 364 378 392 406 420 434 448 462 476 490 504 518 532 546 560 574 588 630 644 658 672 686 700 714 728 742 756 770 784 798 812 826 840 854 868 882 896 910 924 938 952 966 980 994 1008 1022 1036 1050 1064 1078 1092 1106 1120 1134 1148 1162 11 1204 1218 1232 1246 1260 1274 1288 1302 1316 1330 1344 1358 1372 1386 1400 1414 1428 1442 1456 1470 1484 1498 1512 1526 1540 1554 1568 1582 1596 1610 1624 1638 1652 1666 94 1708 1722 1736 1750 1764 1778 1792 1806 1820 1834 1848 1862 1876 1890 1904 1918 1932 1946 1960 1974 1988 2002 2016 2030 2044 2058 2072 2086 2100 " y="38"> 1546691364979751674798253839963139925720573</text> == $0
<text x="14 28 42 56 70 84 98 112 126 140 154 168 182 196 210 224 238 252 266 280 294 308 322 336 350 364 378 392 406 420 434 448 462 476 490 504 518 532 546 560 574 588 630 644 658 672 686 700 714 728 742 756 770 784 798 812 826 840 854 868 882 896 910 924 938 952 966 980 994 1008 1022 1036 1050 1064 1078 1092 1106 1134 1148 1162 11 1204 1218 1232 1246 1260 1274 1288 1302 1316 1330 1344 1358 1372 1386 1400 1414 1428 1442 1456 1470 1484 1498 1512 1526 1540 1554 1568 1582 1596 1610 1624 1638 1652 1666 94 1708 1722 1736 1750 1764 1778 1792 1806 1820 1834 1848 1862 1876 1890 1904 1918 1932 1946 1960 1974 1988 2002 2016 2030 2044 2058 2072 2086 2100 " y="83"> 5608624628052047554375711214374858524985017</text>
<text x="14 28 42 56 70 84 98 112 126 140 154 168 182 196 210 224 238 252 266 280 294 308 322 336 350 364 378 392 406 420 434 448 462 476 490 504 518 532 546 560 574 588

● 图 9-33　SVG 定位

这里分析可以得出，background 的第二个值的绝对值加上 23 就是该数字所属的行 y，back-

ground 的第一个值的绝对值减去 6 之后除以 14 就是该行的第 x 个数字，由此我们得出 x 和 y 值。
最后结合 x 和 y 的值，在 real_svg 字典中进行取值，就可以得到该标签所映射的数字数据。

完整代码：

```
import re
import requests
name=input()
#定义 svg 文件的网址，该文件包含了食物名称的字体信息
svg="http://www.porters.vip/confusion/font/food.svg"
#定义 css 文件的网址，该文件包含了食物名称的位置信息
css="http://www.porters.vip/confusion/css/food.css"
#发送请求并获取 svg 文件的文本内容
svg_data=requests.get(svg).text
#发送请求并获取 css 文件的文本内容，并去掉换行符和空格
css_data=requests.get(css).text.replace("\n","").replace("","")
#用正则表达式提取 svg 文件中的 y 坐标和对应的字体信息
base_svg = re.findall(r'y="(.*?)">(.*?)</text>',svg_data)
#定义一个空字典，用于存储 y 坐标和对应的字体信息的映射关系
real_svg = {}
#遍历提取到的 y 坐标和字体信息列表
for item in base_svg:
    #以 y 坐标为键，字体信息为值，添加到字典
    real_svg[item[0]] = item[1]
#定义一个正则表达式模式
str=".%s{background:-(\d)px -(\d)px;}"%name
#编译正则表达式模式
par=re.compile(".%s{background:-(\d+)px-(\d+)px;}"%name)
#用编译后的模式在 css 文件中查找位置信息
add=re.findall(par,css_data)
print(add)
#得到输入的食物名称在字体信息中的索引位置，
x=int((int(add[0][0])-6)/14)
#将纵坐标转换为整型，得到输入的食物名称在字体信息中的 y 坐标
y=int(add[0][1]) print(x,y)
print(real_svg["%d"%y][x])
```

9.4 案例：爬取 SVG 相关网站

我们再进行一个实例的练习。

案例分析：该网站使用 **SVG** 映射技术，对租房价格进行加密。每次会随机生成不同的 **svg** 图片。

爬取流程如下。

第一步：爬取源码，通过解析获得偏移值及 SVG 图等对应信息。

在爬取价格时会发现价格以图片的形式分开存储，而这些数字来自同一张 SVG 图，通过检查源码，可以找到图片和偏移值，如图 9-34 所示。通过 lxml 和正则表达式等，可以将所需数据获取到本地。

```
▼ <div class="price ">
    <span class="rmb">¥</span>
    <span class="num" style="background-image: url(//static8.xxxxx.com/phoenix/pc/images…
    c0373f87395ab1908cd1607c1b.png);background-position: -21.4px"></span>
    <span class="num" style="background-image: url(//static8.xxxxx.com/phoenix/pc/images…
    c0373f87395ab1908cd1607c1b.png);background-position: -21.4px"></span>
    <span class="num" style="background-image: url(//static8.xxxxx.com/phoenix/pc/images…
    0373f87395ab1908cd1607c1b.png);background-position: -192.6px"></span>
    <span class="num" style="background-image: url(//static8.xxxxx.com/phoenix/pc/images…
    c0373f87395ab1908cd1607c1b.png);background-position: -85.6px"></span>
    <span class="unit">/月</span>
  </div>
```

● 图 9-34　代码图

第二步：使用 pytesseract 对 SVG 图进行识别，利用排序技巧，获得偏移值与数字相对应的字典。

使用 pytesseract 库对 svg 图进行识别，获取数字列表。

然后记录偏移值，从小到大排序，正好与 svg 图从左到右的数字依次对应，以此生成键值对。

第三步：通过字典对列表进行替换，图 9-35 所示为获取的偏移值和字典，图 9-36 所示为替换后的值。

```
{'name': ['整租.紫运南里-区2居室-南'], 'price': ['-171.2px', '-171.2px', '-192.6px', '-85.6px']}
{'name': ['合租.鸿顺园东区4居室-南卧'], 'price': ['-64.2px', '-42.8px', '-192.6px', '-85.6px']}
{'name': ['整租.石坊院2居室-南'], 'price': ['-171.2px', '-0px', '-42.8px', '-85.6px']}
{'name': ['合租.署前街家园3居室-南卧'], 'price': ['-64.2px', '-107px', '-42.8px', '-85.6px']}
{'name': ['整租.DBC加州小镇2居室-南'], 'price': ['-171.2px', '-149.8px', '-42.8px', '-85.6px']}
{'name': ['整租.东兴区3居室-南卧'], 'price': ['-21.4px', '-64.2px', '-192.6px', '-85.6px']}
{'name': ['整租.万年花城二期2居室-南'], 'price': ['-107px', '-171.2px', '-42.8px', '-85.6px']}
{'name': ['合租.碧波园3居室-南卧'], 'price': ['-21.4px', '-85.6px', '192.6px', '-85.6px']}
{'name': ['整租.邓家窑2居室-南'], 'price': ['-171.2px', '-128.4px', '-192.6px', '-85.6px']}
{'name': ['合租.宏城花园3居室-南卧'], 'price': ['-21.4px', '-21.4px', '-42.8px', '-85.6px']}
{'name': ['整租.旗胜家园2居室-南'], 'price': ['-107px', '-21.4px', '192.6px', '-85.6px']}
{'name': ['合租.芭蕾雨悦都北区3居室-南卧'], 'price': ['-21.4px', '-21.4px', '-192.6px', '-85.6px']}
{'name': ['整租.同仁园2居室-南'], 'price': ['-21.4px', '-85.6px', '-42.8px', '-85.6px']}
{'name': ['合租.碧波园3居室-南卧'], 'price': ['-21.4px', '-21.4px', '-192.6px', '-85.6px']}
{'name': ['合租.胜利小区4居室-南卧'], 'price': ['-21.4px', '-64.2px', '-0px', '85.6px']}
{'name': ['整租.龙跃苑东五区2居室-南'], 'price': ['-107px', '-0px', '-42.8px', '-85.6px']}
{'name': ['合租.天骄俊园3居室-南卧'], 'price': ['-21.4px', '-64.2px', '-192.6px', '-85.6px']}
```

● 图 9-35　获取偏移值和字典

```
{' name':['整租.紫运南里一区2居室-南'], 'price': [ '5','5','3','0']}
{' name' :['合租.鸿顺园东区4居室-南卧'], 'price': ['1','9','3','0']}
{' name[' 整租.石坊院2居室-南'], 'price': [ '5','6','9','0']}
{' name['合租.署前街家园3居室-南卧'], 'price': ['1','7','9','0'] }
{' name':['整租.DBC加州小镇2居室-南'], 'price': ['5','4','9','0'] }
{' name' :['合租. 东兴一区3居室-南卧'], 'pricc': [ '2','1','3','0'] }
{' name[' 整租.万年花城二期2居室-南'], 'price': ['7','5','9','0'] }
{' name':['合租. 碧波园3居室-南'], 'price': [ '2','0'] }
{' name':['整租.邓家窑2居室-南'], 'price': ['5','8','3''0']}
{' name['合租.宏城花园3居室-南卧'], 'price': [ '2','2','9','0']}
{' name':['整租.旗胜家园2居室-南'], 'price': ['7','2','3','0'] }
{' name' :['合租.芭蕾雨悦都北区3居室-南卧'], 'price': [ '2','2','3','0']
{' name['整租, 同仁园2居室-南'], 'price':[ '7','0','9''0'] }
{' name':['合租.碧波园3居室-南卧'] 'price': ['2','2','3''0'] }
{' name': ['合租.胜利小区4居室-南卧'],' price': ['2','1','6''0']}
{' name 1整租.龙跃苑东五区2居室-南'], price' :r'7'6'0'] }
```

● 图 9-36　列表替换后的值

完整代码：

```python
from lxml import html
import requests
import re
from PIL import Image
import pytesseract
#定义一个 url 变量,存储网站的链接
url='https://www.▓▓▓.com/z/r0/? isOpen=1'
headers={
'User-Agent':'Mozilla/5.0(WindowsNT10.0;Win64;x64) AppleWebKit/537.36(KHTML,likeG-
ecko)Chrome/112.0.0.0Safari/537.36'
}
#使用 requests 库的 get 方法发送请求,获取响应文本
response=requests.get(url,headers=headers).text
#使用 lxml 库的 etree 模块解析响应文本为 HTML 对象
dom=html.etree.HTML(response)
#使用 xpath 语法提取房源信息的 div 元素列表
divs=dom.xpath('//div[@class="Z_list-box"]/div[@class="item"]/div[@class="info-
box"]')
#使用正则表达式拼接完整的 url
p_url='http:'+re.findall(r'<span class="num"style="background-image:url\((.*?)\);
background-position:.*? px"></span>',response)[0]
#使用 requests 库的 get 方法发送
r=requests.get(p_url,headers=headers)
#打开一个文件对象,以二进制写入模式
with open('./zr.png','wb') as f:
#将图片响应的内容写入文件中
```

```python
        f.write(r.content)
        #存储位置
        tesseract_dir_config=r'--tessdata-dir"D:\Tesseract-OCR\tessdata"'
        #使用 Image 模块打开 zr.png 图片文件
        image=Image.open('zr.png')
        #使用 pytesseract 库识别图片中的数字,返回一个字符串
        captcha=pytesseract.image_to_string(image,lang='eng',config='tessdata_dir_config')
        #定义一个 offsets,存储偏移量
        offsets=['-0px','-21.4px','-42.8px','-64.2px','-85.6px','-107px','-128.4px','-149.8px','-171.2px','-192.6px']
        #遍历识别结果中去除空格后的每个字符
        for i in captcha.replace(","):
            #将字符添加到 nums 列表中
            nums.append(i)
        dic={}
        for k, v in zip(offsets, nums):
            #将键值对添加到 dic 字典中
            dic[k] = v
        for div in divs: #遍历房源信息的 div 元素列表
            dict1 = {}
            #定义一个空字典 dict1,用于存储每个房源的名称和价格信息
            name = div.xpath('./h5/a/text()')
            #使用 xpath 语法提取房源名称文本列表
            price_list = [] #存储房源图片中每个数字的偏移量列表
            re_list = [] #用于存储房源价格的数字列表
            prices = div.xpath('./div[@class="price "]/span/@style')
            dict1['name'] = name #将房源名称文本列表添加到 dict1 字典中
            for item in prices:
                #以':'为分隔,将 style 属性分为两部分,返回
                r = item.split(':')
                #取最后一个元素
                price_list.append(r[-1].replace(' ', ''))
                re_list = [dic[i] if i in dic else i for i in price_list]
                dict1['price']= re_list
```

9.5 pytesseract 的安装方法

1) Tesseract OCR github 地址:

https://github.com/tesseract-ocr/tesseract

2) Windows Tesseract 下载地址:

https://digi.bib.uni-mannheim.de/tesseract/

3）Mac 和 Linux 安装方法参考：

https://tesseract-ocr.github.io

安装完成后，把软件添加到环境变量 path 中，如 D：\Tesseract-OCR

pip 安装 pytesseract。

```
pip install pytesseract
```

安装问题解决方法如下：

尽量安装在一个简单的路径。在完全关闭 py 相关程序后，给 Python 解释器所在文件夹授予完全控制权限，点击属性→安全→编辑→user 勾选除特殊权限外的所有→应用→确定，然后找到 pytesseract.py 文件，如图 9-37 所示，在 pytesseract.py 文件中修改路径，如图 9-38 所示

● 图 9-37　pytesseract.py 文件

tesser act_ cmd =r'D:\Tesseract-OCR\tesseract.exe '

● 图 9-38　修改 pytesseract.py 中的路径

9.6　本章小结

文本混淆反爬虫通过各种技术将数据呈现在我们的网页上，而这些数据可能与我们想象的不同。我们以为的文本数据可能是由一张图片呈现的。常见的文本混淆反爬虫技术有图片伪装、CSS 偏移和 SVG 映射，图片伪装反爬虫使用图片来代替原本的文本内容，当我们试着使用爬虫技术对网页上的文本内容进行爬取时，会发现本以为是文本的数据却是一张图片。而 CSS 偏移技术使用 CSS 代码对标签进行移动，从而影响标签内容在网站上的排列顺序，在网页上呈现真实的数据。SVG 映射技术利用了 SVG 图，将 SVG 图中的数据展示在网页上。它们在源码中的内容和网页显示的内容并不相同，所以当我们遇到这种情况时，需要先分析出网站使用的是哪一种文本混淆技术，再对该技术进行专门解析，破解网站使用的文本混淆技术。

逆 向 加 密

本章思维导图

本章知识点:

- 摘要算法一般用于判断数据是否正确,是否被人篡改。摘要算法不适用于数据加密,但可以用于对密码这类信息的加密。
- 对数据进行加密,通常使用加密算法。加密算法分为对称加密算法和非对称加密算法。

- 对称加密使用一个密钥来进行加密和解密，密钥在传播时容易被他人截获，安全性较低。
- 非对称加密使用一对密钥(一个公钥，一个私钥)来进行加密和解密，其中私钥不容易泄露，安全性较高。但加密算法更复杂，加密解密效率较低。
- Base64 也可用于数据加密。
- HTTPS 结合对称加密和非对称加密来实现通信中的加密问题。使用对称加密来对通信的数据进行加密，而通信使用的加密密钥使用非对称加密来传输。
- 证书的作用是防止有中间人窃取数据，修改请求数据假装服务器来骗取我们与服务器通信使用的密钥。

在使用计算机时，我们体会过输入密码这一过程。那么我们的密码是如何储存的呢？若是直接将我们的密码原原本本储存在一个文件中，当这个文件被他人获取时，岂不是会有大量用户的信息暴露出来，造成严重的影响？即使这个文件没有被他人爬取，那该网站的工作人员总是时刻都看到这个文件吧，难保他不会犯错泄露或是私用这个用户的账号。所以，在储存用户的账号密码时，既要实现对用户密码的保密工作，又要让用户成功登录，就需要对密码进行加密储存。

还有就是在网络中，两台计算机进行相互交流是必不可少的，但也由此引发了一个问题。我们发送的数据若不施加任何保密手段，那么随便来一个人把这个数据劫持下来都能够查看其中的具体内容。所以我们在网络中发送的一些信息也是需要进行加密操作的。

下面我们就将说明生活中常见的加密方式有哪些，让大家了解常见的加密方式。如：**对数据进行校验的 MD5 算法**，**对数据进行加密的对称加密算法和非对称加密算法 Base64 的加密方式，还有 HTTPS 加密的方式及其证书在其中的作用。**接下来，我们就逐一介绍这几种加密手段。

10.1 MD5 算法剖析

MD5 的英文全称为 Message Digest Algorithm 5，是计算机安全领域常用的加密手段。下面我们将详细介绍 MD5 算法含义，以及其加密与解密的过程。

▶▶ 10.1.1 什么是 MD5 算法？

MD5 算法是摘要算法的一种。而摘要算法又被称作哈希算法或散列算法，**加密过程不需要密钥，并且经过加密的数据无法被解密，**只有输入相同的明文数据经过相同的消息摘要算法才

能得到相同的密文，它能够把任意一个长度的数据转换成一个固定长度的数据字符串，表 10-1 所示是加密数据与原始数据对比。

表 10-1　加密对比

原 始 数 据	加密后的 MD5 字符串
123456	e10adc3949ba59abbe56e057f20f883e
1234567	23b9bb0e93469a8e5d5d2f9796162dac
87654321	5e8667a439c68f5145dd2fcbecf02209

可以看出，通过摘要算法，我们可以将信息明了的数据转换成另外一种长度固定的特殊字符串，从而对内容进行伪装。这里的原始数据内容不同，且长度不一，而加密后的 MD5 字符串长度固定，但其中的字符却有着很大的差距。

这里我们需要注意一下，**其实摘要算法并不能算是加密算法，因为经过摘要算法加密的数据，并不能直接通过摘要算法得到的字符串反向推出原来的数据**。所以说，摘要算法其实是一种单向的算法，只能由原始数据得到加密后的字符串，而不能直接通过加密后的字符串来得到原来的初始数据。

由于这一特性，**摘要算法常常用于数据检测，检测数据是否被修改过，也可以检测用户输入的数据是否正确**(也就是用户的密码)。

我们知道，数据在传输时，是以二进制字符的形式传输的，而在传输过程中，是有可能出差错的，即传输过程中的字符 1 变成了字符 0，或 0 变成了 1，这样用户收到的数据就是不正确的。为了避免这种情况，我们就可以使用摘要算法来处理。假设我们要传输的数据是 000000，而接收方收到的数据是 000001，如表 10-2 所示。

表 10-2　接收出现错误

000000	670b14728ad9902aecba32e22fa4f6bd
000001	04fc711301f3c784d66955d98d399afb

通过对比我们知道，这两者的加密字符是不同的，那接收方怎么知道数据有误呢? 我们这时就可以使用摘要算法了，发送方将数据和加密后的字符串传送给接收方，接收方接收到数据之后，也对接收到的数据进行摘要算法运算得到加密后的字符串(校验字符串)，再将得到的字符串与接收到的校验字符串比较，就能够比对收到的数据是否有误。所以摘要算法能够用于检验数据的正确性。

用户的密码也是相同的原理，我们不可能直接将用户真正的密码储存在数据库中，这样存储并不安全，很容易泄露用户的密码，从而影响用户的信息或是财产。但是我们可以存储用户密码的 MD5 字符串，这样用户的密码就得到了保护，外人不知道该用户的密码到底是什么，在下次用户登录时，我们也可以将用户输入的密码进行 MD5 加密，将得到的 MD5 字符串与数据库中存储的该用户的 MD5 字符串进行比较，就能够判断用户输入的密码是否正确。

▶▶ 10.1.2 MD5 的加密和解密过程

那么 MD5 到底是怎么对数据进行加密的呢？经过 MD5 加密后的数据真的无法再往回推得到原始数据吗？

首先我们需要了解一下 MD5 的加密过程和原理。

使用 MD5 加密一般有四个步骤，分别是：数据填充、添加消息长度、数据处理和 MD5 运算。经过这一系列步骤就能够对我们想要加密的数据进行加密了。但我们不需要再一步步实现上面的步骤，重复造轮子是没有意义的。我们可以直接使用 MD5 算法来实现加密，不必关心上面步骤的具体实现。

前面我们通过网页 MD5 加密网站得到了字符串 "12346" 的 MD5 字符串为 "e10adc3949ba59-abbe56e057f20f883e"。下面我们就使用代码来实现这个加密过程。

代码：

```python
import hashlib
#加密的字符串需转换为 utf-8 的格式
str = "123456".encode("utf-8")
#创建 MD5 对象进行加密
m = hashlib.md5() m.update(str)
md5_str = m.hexdigest()
print(md5_str)
```

结果如图 10-1 所示。

经对比，加密后的结果与网上在线加密结果一致，说明我们成功使用代码对数据进行 MD5 加密了。这也说明了我们不太需要过多关注算法底层的东西，只需要了解其实现的思想即可。

e10adc3949ba59abbe56e057f20f883e

● 图 10-1 加密结果

接下来我们了解 MD5 的解密。

我们前面说过了，摘要算法是单向的，我们只能由原始数据得到加密后的字符串，而无法由加密得到的字符串来得到最初的数据。这是没错的，我们确实无法直接通过加密字符串得到原始数据，但那只是使用正常手段无法得到，我们还有**一种非正常的方法，那就是暴力破解**。

那么什么是暴力破解呢？虽然数据经过 MD5 算法计算后得出的字符串十分复杂，但每次计算得到的 MD5 字符串都是一样的，这是因为所有的数据都是经过相同的途径来进行计算，所以得出的结果总是一样的。既然这样，那我们就可以将原始数据和加密后的字符串一一对应存储起来，这样就能够得到许多数据信息及其对应的 MD5 字符串。在我们想要通过 MD5 字符串倒推出对应的数据信息时，就可以通过枚举的方式，将数据的 MD5 字符串与已知的 MD5 字符串进行匹配，这样就可以得出加密前的数据是什么了。

这就是暴力破解了，**将 MD5 字符串与库中已有的 MD5 字符串一一进行匹配**，由于时间的累积，大多数的数据及其对应的 MD5 字符串都已经存入库中，所以一般比较简单的数据，还是可以通过这种暴力破解的方式解密的。

如图 10-2 所示即为暴力破解的网站。

● 图 10-2　暴力破解

这样比较简单的数据就能够通过暴力破解的方式来解决，得到最初的数据。

10.2　对称加密算法和非对称加密算法

前面我们说摘要算法其实严格来说不是加密算法，这是有原因的，因为它只有加密过程，而没有解密过程。也就是无法通过正常方式来得到原来的数据。

大家想一下，**在对数据进行校验、对密码进行加密的情况下，摘要算法其实并没有什么太多的缺点，因为我们需要得到的只是加密后的字符串，而不关心原始的数据**。因为在数据校验过程中我们也不需要知道原始的数据究竟是什么，而它不可逆推的特性其实也更好地保护了我们的密码信息。

但若是我们需要对信息本身进行加密，而不是为了进行数据校验等行为，这时摘要算法还有用吗？假设你要给另外一个人发送一封邮件，而你又不希望其他人知道邮件的具体内容，为了防止邮件在传送的途中被其他人截获，就需要对邮件的信息进行加密，这样就能够防止信息泄露了。但问题又来了，当数据到达接收方时，又会怎么样？接收方收到的也是加密后的信息，而我们知道，使用摘要算法加密的数据无法回推出原始的数据，难道你还要接收方对接收到的数据进行暴力破解吗？

所以，摘要算法在对这一类信息加密时是不适用的。我们需要**使用一种特定的规则来对数据信息进行加密，并且接收方也能通过某一种规则来将加密后的数据还原**。我们需要一种既能加密又能通过某种规则解密的算法，而不是对数据进行暴力破解。常见的数据加密算法分为对称加密算法和非对称加密算法。

▶▶ 10.2.1　对称加密算法

什么叫对称加密算法呢？其实就是**加密过程和解密过程都是用同样一种密钥的算法**，这样就能实现对信息的保护，而且加密后的数据在接收方能够回推出原始的数据，在完成信息传输的同时保障了数据的安全性。

但这种加密方式也不是绝对安全的。既然加密过程和解密过程使用的是同一种密钥，那么我们只要知道了加密密钥，再将加密的数据从网络中截获，就能够破译出原来的数据。所以使用对称加密算法时对密钥的保护是十分重要的。图 10-3 所示为对称加密示意图。

● 图 10-3　对称加密

常见的对称加密算法有 DES、AES 等。

DES 是一种分组密码算法，每 64 位的数据就使用密钥进行一次加密，如此迭代。但 DES 算法的密钥长度固定，随着计算机的进步，DES 算法的强度大不如前，已经能够被暴力破解了。

所以后来又有了 3DES，3DES 算法是为了增强 DES 算法加密的强度，将 DES 重复三次的一种算法。3DES 算法中需要三种密钥，但不是循环使用每一把密钥来对数据进行三次加密；而是先使用密钥 1 来对数据进行加密，再使用密钥 2 对前一步得到的密文进行解密，得到假的原文，最后再使用密钥 3 重新对这假的数据进行一次加密。这样就强化了 DES 算法对数据的加密能力。同时我们也能发现，若是这三个密钥是同一种密钥的话，3DES 算法也就变回了原本的 DES 算法，与原先的算法并没有什么差异，只是多进行了两步。

由于 DES 加密算法已经被破解了，而 3DES 加密算法虽然没有被破解，但是其加解密效率低，所以现在对称加密算法都使用 AES 算法了。AES 也是分组加密法，但分组长度为 128 位，密钥长度可以使用 128 位、192 位或是 256 位。根据密钥长度的不同，该算法加密的轮次一般也有所改变。

▶ 10.2.2　非对称加密算法

非对称加密算法是与对称加密相对的一种加密算法，**它需要用到两个密钥，一个是公开密钥，一个是私有密钥**。因此，非对称加密算法在对数据的加密和解密过程使用的并不是相同的密钥，两个过程需要使用不同的密钥来完成，这也是它叫作非对称加密算法的原因。这两个密钥中，公开密钥是可以对外任意公开的，用于数据的加密；而私有密钥必须由用户个人严格保管，用于数据的解密，不能泄露出去，不然自己的信息数据的安全性就有可能无法保证了。图 10-4 所示是非对称加密示意图。

● 图 10-4　非对称加密

需要注意，**这两个密钥必须是一对，才能完成加密解密过程**。例如：小明想要给小红发送一封信件，但由于小明与小华的关系太好，一不小心将对称加密的密钥泄露了，他又怕小华偷偷看他发的邮件，所以他决定使用非对称加密来发送信息。这时，他需要先获取小红的公开密钥，然后小明使用这个公开密钥来进行数据加密再发送邮件，这样信息就是只有小红知道了，因为这个信息只有使用小红的私有密钥才能打开，即使小华获取了小红的公开密钥也无法获取原本的数据。

10.3　Base64 伪加密

在本节中，我们将探究一种常见的数据处理技术，即 Base64 伪加密。首先，我们将详细介绍什么是 Base64 编码，以及它如何将二进制数据转换为可打印字符的文本表示形式。随后，我们将深入研究 Base64 加密与解密的原理与方法，解析其在信息安全和数据传输中的关键作用。

▶ 10.3.1　什么是 Base64？

Base64 其实是一种编码方式，是一种基于 64 个可打印的字符来表示二进制数据的方法。Base64 是常常用来传输 8bit 字节代码的编码方式之一，它并不是安全领域的加密算法，其实只能算是一个编码算法，对数据内容进行编码来使其适合在网络中传输。标准 **Base64 编码解码无需额外信息就可以完全逆推出最初的数据**，即使你自定义字符集设计一种类 Base64 的编码方式用于数据加密，在多数场景下也较容易破解，所以 Base64 并不适用于对数据进行加密。

图 10-5 所示就是 64 个可打印字符及其对应的编号，其实这 64 个字符就储存在一个数组中，

数组下标就是其字符对应的编号。

编号	字符		编号	字符		编号	字符		编号	字符
0	A		16	Q		32	g		48	w
1	B		17	R		33	h		49	x
2	C		18	S		34	i		50	y
3	D		19	T		35	j		51	z
4	E		20	U		36	k		52	0
5	F		21	V		37	l		53	1
6	G		22	W		38	m		54	2
7	H		23	X		39	n		55	3
8	I		24	Y		40	o		56	4
9	J		25	Z		41	p		57	5
10	K		26	a		42	q		58	6
11	L		27	b		43	r		59	7
12	M		28	c		44	s		60	8
13	N		29	d		45	t		61	9
14	O		30	e		46	u		62	+
15	P		31	f		47	v		63	/

● 图 10-5　64 个编号字符

▶▶ 10.3.2　Base64 加密与解密

使用 Base64 进行加密其实就是利用 ASCII 编码与 Base64 编码的转换。ASCII 编码中的字符用 8bit 表示，Base64 中的字符可以用 6bit 来表示，所以我们就可以**将三个 ASCII 编码的字符，用四个 Base64 编码的字符来表示**。

例如：字符串 son 的每个字符对应的 ASCII 码值位 83，111，110，转换为二进制为：01010011，01101111，01101110；这 24 个 bit 字符分为 4 组，则为：010100，110110，111101，101110，这样十进制表示的数字就为 20，54，61，46，再换为 Base64 字符 U29u。

这样字符串 son 就变为了 U29u，可以说是对数据进行了加密。解密过程将上述过程反向进行就可以将 U29u 回推为 son 了。

10.4　HTTPS 和证书

在现代网络通信中，保障数据的安全性至关重要。在这一背景下，HTTPS 协议以及 SSL/TLS

证书的使用变得愈发重要。本节将探讨 HTTPS 的加密方式，深入了解它是如何通过加密技术保障数据传输的安全性的。

▶▶ 10.4.1　HTTPS 的加密方式

前面我们知道了加密方式有两种，即对称加密和非对称加密。那么在实际操作时使用哪一种呢？若使用对称加密，在协商使用的密钥时，密钥在客户机和服务器之间传输，容易泄露密钥。若使用非对称加密，使用一组密钥，则只能实现单向的信息传输，双向无法保证。使用两组密钥，虽可以完成双向的信息加密传输，但非对称加密的算法耗时较长，影响信息传输性能。所以都不太合适。

HTTPS 使用的是这两种加密算法结合而成的加密方式。服务器使用非对称加密方式生成一对密钥 A 和 A0，公钥 A 发送给客户端；客户端生成一个密钥 X，使用公钥 A 对密钥 X 加密后发送给服务器，服务器使用私钥 A0 解密后得到密钥 X，这样服务器和客户端之间就可以使用密钥 X 来进行信息传输了。而其中的密钥 X 的信息被他人截获了，也无法解密得到密钥 X，因为他需要私钥 A0 才能解密得到真正的密钥 X。这样双方就可以使用密钥 X 进行通信，

● 图 10-6　HTTPS 加密

解决了双方通信的安全性问题。图 10-6 所示是 HTTPS 加密示意图。

▶▶ 10.4.2　证书的作用

HTTPS 使用的加密方式是对称加密和非对称加密的结合方式，但这样还是存在一个漏洞。

若有人在中间进行代理，我们应该怎么办？若是中间人劫持服务器发送的公钥 A 的数据包，将数据包中的公钥 A 换成自己的公钥 B，再发送给客户端；客户端发送的密钥 X 这时就是使用公钥 B 进行加密的，这时又被劫持之后被中间人使用私钥 B0 解密得到密钥 X；中间人再将密钥 X 用公钥 A 进行加密，发送给服务器，服务器再使用自己的私钥 A0 解密得到密钥 X。这样拥有密钥 X 的就有三方——客户端、服务器和中间人，客户端和服务器之间的交流就无异于是"裸聊"状态了。

这时候就需要用到证书了。证书是由 CA 机构给网站颁发的一个数字证书，具有权威性，可以被信赖。证书含有持有者信息、公钥信息和数字签名等等，防止证书也被人篡改，浏览器可以从证书中直接获取访问的网站的公钥。我们从证书中得到网站公钥后，会对数据进行计算得到

一份数字签名，与网站原先的数字签名相对比，就可以辨别收到的公钥是否正确，若不正确，则说明证书篡改了，停止进一步的动作。这样就保证了网络上信息交流的安全性问题。图 10-7 所示为使用了证书的 HTTPS 加密。

● 图 10-7 使用了证书的 HTTPS 加密

10.5 本章小结

MD5 是一种摘要算法，用于对数据的正确性进行校验。这个算法是单向进行的，由于这一特性，**MD5 算法还能用于对数据的加密，在保护数据的同时还能对密码是否正确进行校验。**

对于网络中传播的数据，我们使用加密算法来进行加密。**加密算法有对称加密和非对称加密两种。对称加密仅使用一个密钥来进行加密和解密，但是密钥需要通信双方协议规定，在传播途中容易泄露。而非对称加密使用一对密钥，一个公钥，一个私钥，公钥可以任意传播，而私钥只能自己知道，这样，使用公钥加密的数据只能使用对应的私钥才能解开，保证了数据的安全性。**

Base64 中的字符用 6bit 的二进制数表示，而 ASCII 中的字符可以由 8bit 的二进制数来表示。这样 3 个 ASCII 编码的字符就可以使用 4 个 Base64 编码的字符来表示，从而实现数据加密。

HTTPS 使用的加密方式是**对称加密和非对称加密的结合。**传输的数据使用对称加密方式，而传输数据使用的密钥使用非对称加密方式进行传输，这样就防止了传输数据中的密钥泄露问题。但为了防止有人在中间进行代理套取我们的密钥，所以引入了具有权威性的 CA 机构颁发的证书，从证书中获取网站的公钥并进行校验。这样就能够防止中间人截获我们的密钥。

App 爬虫

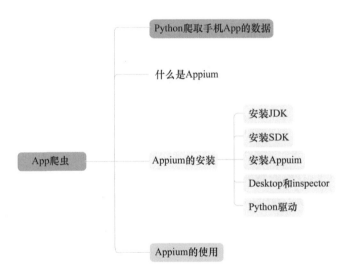

本章知识点：

- 通过获取 App 数据包，我们能够得到数据的 URL，从而能对该 App 进行访问获取数据。
- Appium 是一种对 App 进行自动化测试的软件，功能与 selenium 类似。
- selenium 是对 Web 端进行模拟操作，Appium 是对 App 应用进行模拟操作。
- 在 Appium inspector 中输入设备信息和 App 信息后，就可以对 App 进行模拟操作。
- Appium inspector 能够获取 App 元素的 xpath 信息。

前面我们已经学习了什么是 App 爬虫。因为现在手机已经离不开人们的生活，手机上的各种个性化应用也在方便人们的生活，所以在手机应用这一方面存在着巨大的利益，多样的手机应用也层出不穷。所以我们的爬虫技术也不能只停留在传统的网页爬虫方向，对于 App 这种应用，我们也需要知道如何爬取其中的信息数据。

在前面阶段，我们已经下载好了 Charles 抓包工具，并且学会了如何抓取一个数据包，而且我们也通过抓取手机豆果美食 App 的数据进行实战，成功抓取到了我们需要的一个数据包。这一时刻我们就知道了我们的数据可能会在什么地方，我们又应该怎么寻找需要的数据。之前我们是通过手动操作得到数据，这并不是我们想要的。我们想要的是让代码来帮助我们获取其中的数据，而不是让人来进行操作。所以我们在这一章将学会**如何通过代码来获取数据，让机器来完成我们的工作**。

而在用代码帮助我们获取数据之后，我们也将进一步引出 Appium。**Appium 是一个自动测试的框架，我们可以使用它来操控我们的 App**，测试 App 功能的完整性。Appium 对 App 应用的作用就相当于 selenium 对 Web 网页的作用。

11.1　Python 爬取手机 App 的数据

在学习 Charles 的时候，我们就已经找到了 App 中我们需要的数据在哪一个数据包中，如图 11-1 所示。那我们接下来应该如何使用代码来获取其中的数据呢？

我们首先要在我们能找到的数据包中**找到这个数据包所对应的 URL 链接**。比如某数据包的 URL 是 https://api.douguo.net/recipe/v2/detail/2420811，我们将其写入代码中，得到我们需要访问的 **URL 链接**。

```
url = 'https://api.douguo.net/recipe/v2/detail/2420811'
```

然后添加一些必要的 **headers 信息**。

```
headers = { "User-Agent":"Mozilla/5.0 (Linux; Android 7.1.2; OPPO R11 Plus Build/
NMF26X; wv) AppleWebKit/537.36 (KHTML, like Gecko) Version/4.0 Chrome/92.0.4515.131
Mobile Safari/537.36" }
```

之后就可以对这个数据包进行访问获取其中的数据了。

```
resp = requests.post(url=url,headers=headers)
```

而且我们事先已经知道了我们将要获取的数据为 json 格式，所以我们还需要导入 json 包对我们爬取到的 json 数据进行解析。

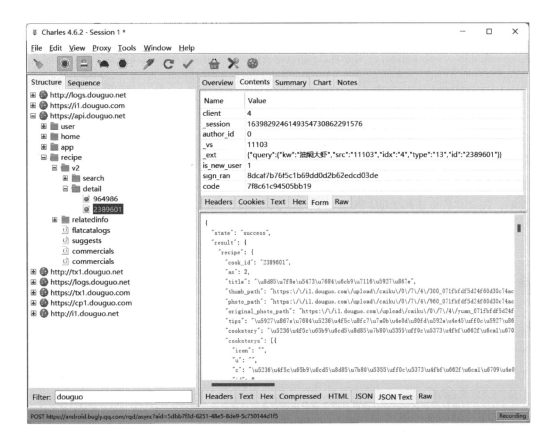

● 图 11-1　Charles 抓包

```
import json
content = json.loads(resp.text)
```

这样就可以得到我们需要的数据了。

完整代码：

```
import requests
url = 'https://api.douguo.net/recipe/v2/detail/2420811'
headers = {
"User-Agent":"Mozilla/5.0 (Linux; Android 7.1.2; OPPO R11 Plus Build/NMF26X; wv) Ap-
pleWebKit/537.36 (KHTML, like Gecko) Version/4.0 Chrome/92.0.4515.131 Mobile Safari/537.36"
  }
resp = requests.post(url=url,headers=headers)
content = json.loads(resp.text)
print(content)
```

结果如图 11-2 所示。

会烂一些哦!',,'cookstory':'让你胃口大增的红烧茄子~\n简单家常菜也可以吃出别一般风味~',

● 图 11-2　获取结果

这时我们需要的数据就已经全部获取了。这些数据**以字典的形式呈现**，所以我们也能更好地对数据进行处理，根据我们的需求来具体提取其中重要的数据，将其他无关的、不需要的数据过滤掉。

之后，我们在处理这些类型相似但数据不同的信息时，就可以直接加入循环语句，来做批量处理了。这样操作，节省了我们更多的时间。

11.2　什么是 Appium?

学习完如何从手机 App 获取数据之后，应该学习一些爬虫过程中将要使用的工具，它们可以在我们的 App 爬虫中起到显著的作用。

这里我们即将要学习的工具就是 Appium。那么什么是 Appium 呢? Appium 又有怎样的作用呢? 可以帮我们完成那些事情? 下面就让我们一起来看看吧。

Appium 是一个开源工具，用于自动化 iOS 手机、Android 手机和 Windows 桌面平台上的原生应用、移动 Web 应用和混合应用。(原生应用: 就是专门针对某一类移动设备而产生的，所有界面和代码都是专门为平台设计的，比如手机中自带的计算器等; 移动 Web 应用: 用手机浏览器打开的一个网址，也就是就是一个触屏版的网站，例如微信小程序; 混合应用: 它的一部分是原生界面和代码，而另一部分是内嵌移动 Web 应用，比如微信、支付宝。)

看上面的解释可能比较难理解，我们来进一步解释一下。我们在前面使用过 selenium 来进行爬虫。我们**使用 selenium 工具来打开浏览器，并且可通过代码来模拟用户在浏览器中的操作**。也就是说，我们可通过 selenium 在浏览器中进行点击、输入、搜索等操作，这本来是实际用户才能完成的行为，但我们使用代码实现了这一操作，使得我们在爬虫时可以更加灵活地选择爬取的数据。而 Appium 的功能和 selenium 的功能类似(实际上 Appium 也是继承了 selenium 的功能)，selenium 是在浏览器中进行模拟操作，而 **Appium 是模拟用户在 App 应用中进行操作**。selenium 是 Web 端的自动化，Appium 是 App 端的自动化。

也就是说，我们使用 Appium 就能像使用 selenium 在浏览器进行操作一样，在 App 中进行一些操作。接下来介绍安装和配置 Appium。

11.3 如何安装 Appium

安装 Appium 是一个十分复杂的过程，因为不仅要安装 Appium，还需要安装许多其他的文件，匹配许多环境，这样 Appium 才能成功运行并实现其功能。

▶▶ 11.3.1 安装 JDK 并配置其环境

1. JDK 文件下载安装

上网找到我们所需要的 JDK(Windows 版本以及所需的 JDK 版本号) 文件进行下载，下载后直接安装。

2. 配置环境

1) 在计算机的高级系统设置中找到"环境变量"按钮，如图 11-3 所示。

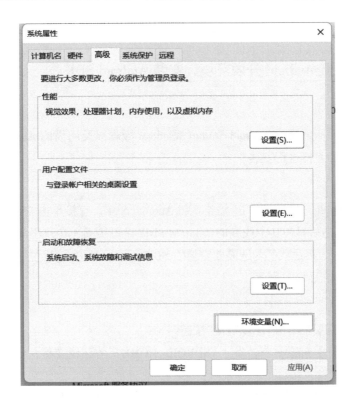

● 图 11-3　配置环境变量

2）单击该按钮，在弹出的对话框中新建一个名为"JAVA_HOME"的环境变量，变量值为自己选择的 JDK 的安装路径。

3）选择 path 路径，点击页面中的"编辑"按钮，在弹出的窗口中添加如下信息：

```
%JAVA_HOME%\bin;%JAVA_HOME%\jre\bin
```

4）新建一个名为"classpath"的环境变量，变量值为：

```
%JAVA_HOME%\lib\dt.jar;%JAVA_HOME%\lib\tools.jar
```

5）检验是否安装配置成功。

打开 CMD 窗口，输入 java -version 进行验证，若出现 JDK 的版本号则证明安装成功，如图 11-4 所示。若没有出现，则极可能是因为环境配置错误，应按照前面的步骤重新配置。

```
java version "16.0.2" 2021-07-20
Java(TM) SE Runtime Environment (build 16.0.2+7-67)
Java HotSpot(TM) 64-Bit Server VM (build 16.0.2+7-67, mixed mode, sharing)
```

● 图 11-4　检查配置是否成功

▶▶ 11.3.2　配置 Android 开发环境，安装 Android SDK

1. 下载 Android Studio

在网络上找到我们所需要的 Android Studio（Windows 版本以及所需的 Android Studio 版本号）文件进行下载，下载后直接进行安装。

2. 安装 Android SDK

安装完 Android Studio 之后，我们还需要下载 Android SDK。直接单击 file 打开，然后在其中找到 settings 选项，单击后再在其中找到的 Android SDK 设置页面，在这里我们就可以下载我们需要的 Android SDK 了。最后我们勾选需要安装的 SDK 版本，单击 apply 按钮即可下载和安装我们勾选的 SDK 版本，如图 11-5 所示。

3. 配置环境变量

1）在计算机高级设置中单击"环境变量"按钮。

2）在打开的对话框中新建一个名为"ANDROID_HOME"的环境变量，变量值为自己选择的 Android SDK 的安装路径。

3）选择 path，点击下方的"编辑"按钮，像前面配置 JDK 时一样将 SDK 文件下的 tools 和 platform-tools 文件的路径添加到其中。

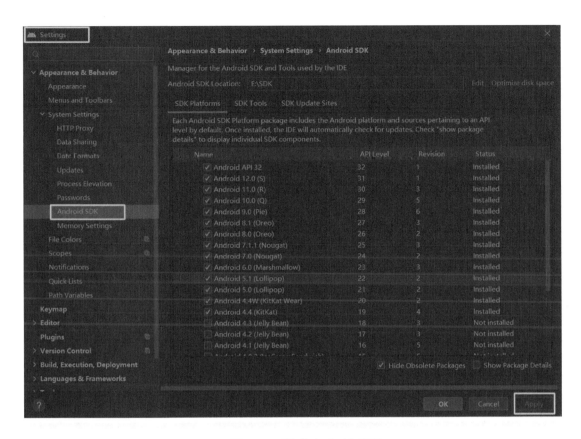

● 图 11-5　下载 Android SDK

▶▶ 11.3.3　Node.js 和 Appium 的安装

1. Node.js 的安装

找到对应的 Windows 版本的 Node.js 的安装包，然后直接下载即可。

在指令运行窗口输入上述语句，若是返回相应的版本号，则说明我们已经安装成功 Node.js 了，如图 11-6 所示。

```
C:\Users\瑶>node --version
v16.13.1
```

● 图 11-6　查看 Node 版本

2. 安装 Appium

安装完 Node.js 之后，我们就可以开始安装 Appium 了。打开运行窗口，输入：npm install -g appium，然后按下〈Enter〉键，就可以安装 Appium 了，之后等它自己安装完成就行了。

▶▶ 11.3.4　安装 Appium-Desktop 和 Appium inspector

找到 Appium-Desktop 文件进行下载后直接安装就可以了。这个是 Appium 服务器的图形界面，方便我们对 Appium 的使用。

而 Appium inspector 也还需要我们安装，这样才能对 App 进行元素检查，获取相应的信息。Appium inspector 的安装也与 Appium-Desktop 安装类似，找到 Appium inspector 安装包直接安装即可。

▶▶ 11.3.5　安装 Python 驱动

打开命令行窗口，输入以下命令进行安装：pip install appium-python-client。

以上就是安装 Appium 的全过程，虽然十分复杂，但这都是我们需要的，大家跟着以上步骤一步一步操作就行了。

11.4　Appium 的使用

完成上述的安装过程后，就可以使用 Appium 了。下面我们就来看看怎么使用这一工具。

第一步：启动 Appium-Desktop。

打开 Appium-Desktop 应用，得到图 11-7 所示界面。这里我们什么参数都不需要修改，直接单击"启动服务器"按钮。

● 图 11-7　Appium 界面

若是出现图 11-8 所示信息, 则说明我们的安装并没有问题。若是出现错误信息, 则说明在匹配时出现了问题, 这时请参照前面的下载安装方法重新安装。

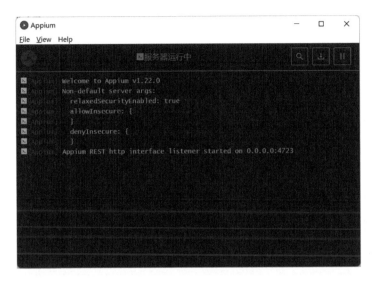

● 图 11-8　检查安装配置

第二步: 启动 Appium inspector 并配置参数。

打开 Appium-Desktop 之后还需要打开 Appium inspector 软件, 如图 11-9 所示。

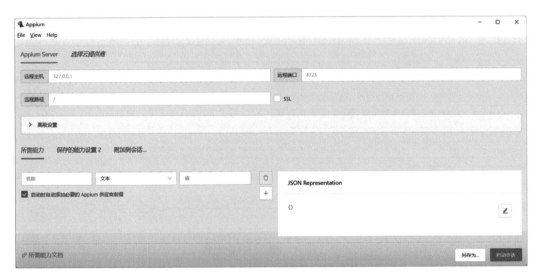

● 图 11-9　打开 Appium inspector

写入 Appium-Desktop 的**端口号 4723** 和**远程路径/wd/hub**，如图 11-10 所示。

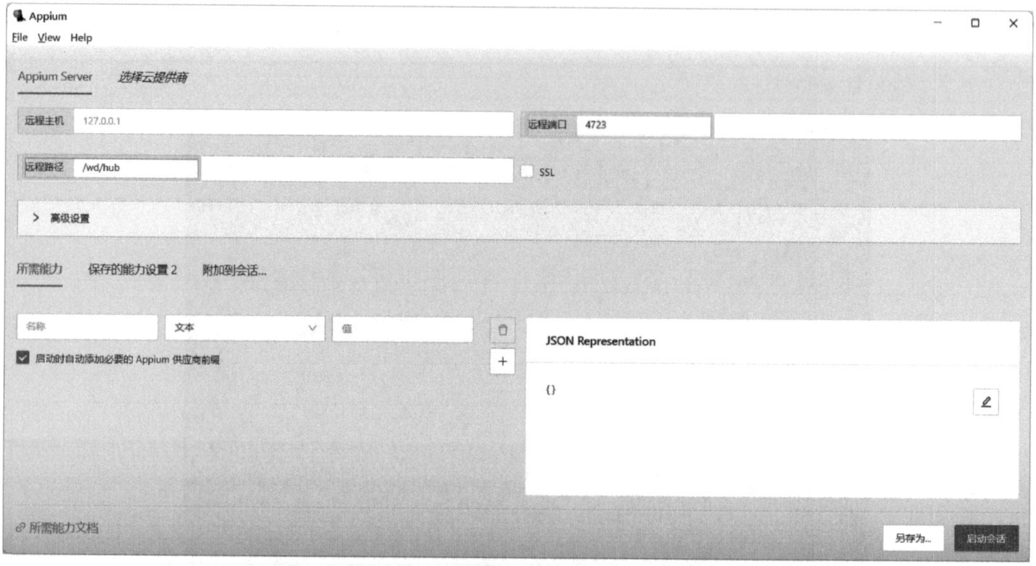

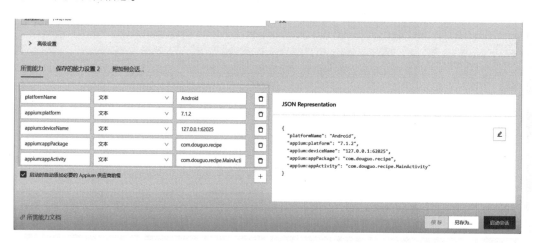

● 图 11-10　配置端口号和远程路径

之后我们还需要写入我们的手机设备信息和要抓取的 App 数据包的信息，在图 11-11 所示框选的位置填入设备信息。

● 图 11-11　填入设备信息

填入的信息又是从哪里得到的呢？接下来就来看看这些信息的获取方法同时看看需要对手

机进行怎样的设置。

首先，启动夜神模拟器，随后打开我们的手机模拟器，具体操作如图 11-12 所示。

● 图 11-12 手机模拟器

之后就可以查看这部**虚拟手机的 Android 系统及其版本信息**了，如图 11-13 所示。

● 图 11-13 查看系统版本

这样我们就得到了我们需要的前两行信息，并且将它们写入 Appium inspector 参数设置中。

- **platformName：Android ——**我们的虚拟手机是 Android 版本的手机。
- **platformVersion：7. 1. 2——**Android 系统的版本型号。

之后再多次点击版本号就可以进入开发者模式，查看版本号，如图 11-14 所示。

● 图 11-14　查看版本号

进入开发者模式后，再进入开发者选项之中，**打开 USB 调试功能，如图 11-15 所示。**

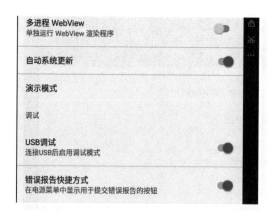

● 图 11-15　打开 USB 调试

这样我们就可以获取我们需要的第三个信息了。

进入命令行窗口，输入 adb devices 这句指令，就可以查看与 PC 连接的手机的信息和设备名称，如图 11-16 所示。

```
C:\Users\瑶>adb devices
List of devices attached
127.0.0.1:62025 device
```

● 图 11-16　查看连接设备

虚拟手机就和 PC 端连接在了一起。

此时写入我们需要的**第三条信息**。

```
deviceName:127.0.0.1:62025
```

最后两条信息是我们需要抓取的 App 数据包的信息，我们首先在文件夹中找到 SDK 文件，再进入到 build-tools 文件夹中，之后再进入文件夹，到达有 aapt.exe 可执行文件的目录下，如图 11-17 所示。

build-tools

aapt.exe

● 图 11-17　aapt.exe

在此处，我们在搜索框中输入 cmd 进入命令行窗口，如图 11-18 所示，这样就可以直接使用当前文件夹下的工具 aapt.exe 了。

```
\SDK\build-tools\32.0.0>
```

● 图 11-18　当前目录下进入命令行窗口

我们再输入命令"**aapt dump badging**"，后面再加上我们需要爬取的 App 应用的 apk 文件的路径，这里我们可以直接找到 apk 文件，将它拖入到命令行窗口中，就会直接添加该 apk 文件的路径，如图 11-19 所示，运行之后就会显示图 11-20 所示内容。

base(1).apk

● 图 11-19　运行图标

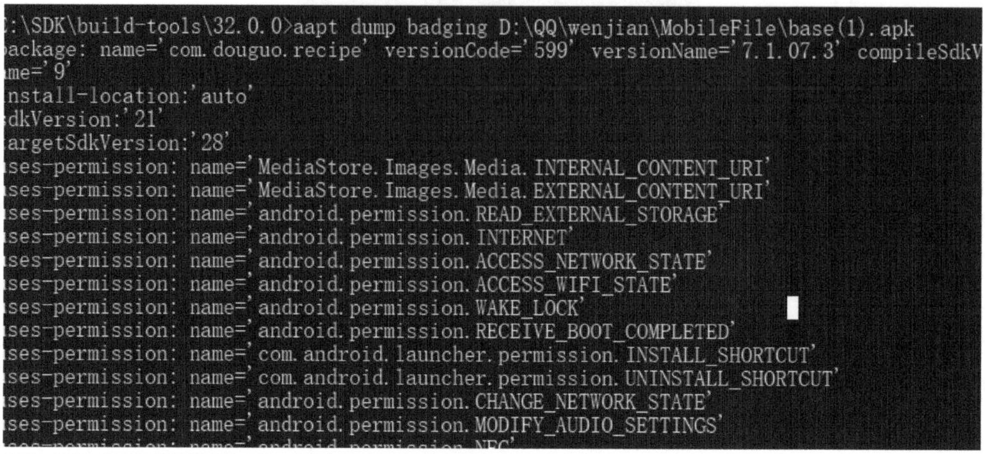

```
:\SDK\build-tools\32.0.0>aapt dump badging D:\QQ\wenjian\MobileFile\base(1).apk
ackage: name='com.douguo.recipe' versionCode='599' versionName='7.1.07.3' compileSdkV
me='9'
nstall-location:'auto'
dkVersion:'21'
argetSdkVersion:'28'
ses-permission: name='MediaStore.Images.Media.INTERNAL_CONTENT_URI'
ses-permission: name='MediaStore.Images.Media.EXTERNAL_CONTENT_URI'
ses-permission: name='android.permission.READ_EXTERNAL_STORAGE'
ses-permission: name='android.permission.INTERNET'
ses-permission: name='android.permission.ACCESS_NETWORK_STATE'
ses-permission: name='android.permission.ACCESS_WIFI_STATE'
ses-permission: name='android.permission.WAKE_LOCK'
ses-permission: name='android.permission.RECEIVE_BOOT_COMPLETED'
ses-permission: name='com.android.launcher.permission.INSTALL_SHORTCUT'
ses-permission: name='com.android.launcher.permission.UNINSTALL_SHORTCUT'
ses-permission: name='android.permission.CHANGE_NETWORK_STATE'
ses-permission: name='android.permission.MODIFY_AUDIO_SETTINGS'
```

● 图 11-20 运行结果

在返回的大量数据中找到我们需要的 package 信息和 launchable-activity 信息，如图 11-21 和图 11-22 所示。

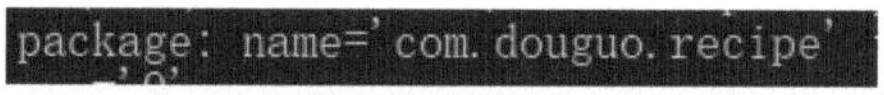

```
package: name='com.douguo.recipe'
```

● 图 11-21 package 信息

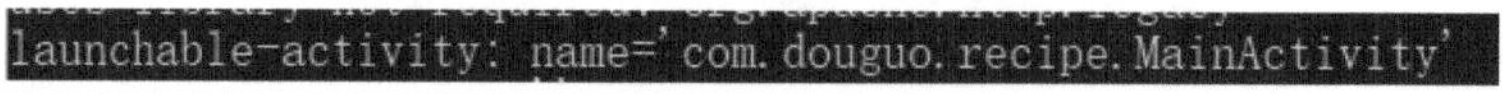

```
launchable-activity: name='com.douguo.recipe.MainActivity'
```

● 图 11-22 launchable-activity 信息

这样我们就得到了**最后两条数据**：

appPackage：com.douguo.recipe

appActivity：com.douguo.recipe.MainActivity

第三步：使用 Appium inspector 开启会话。

将这些数据全部写入 Appium inspector 中，单击“启动会话”按钮，开始对 App 进行测试，图 11-23 所示为启动会话，图 11-24 所示为运行界面。

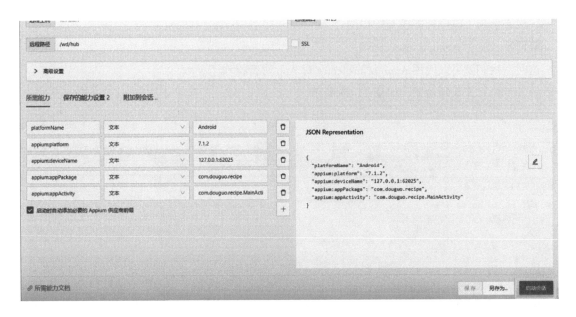

• 图 11-23　启动会话

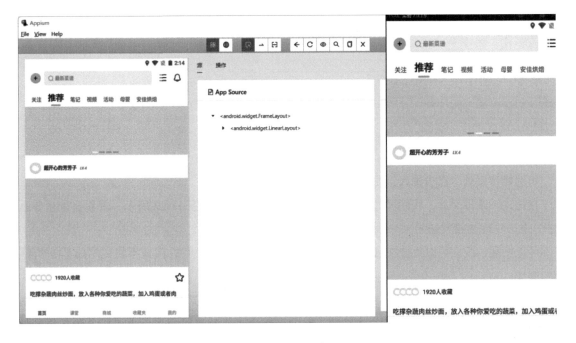

• 图 11-24　运行 App

这时可以看见，在启动会话的同时，我们的手机模拟器也自动打开了该 App，而 Appium inspector 也显示与手机模拟器相同的页面。

第四步：使用 Appium inspector。

这时，我们就可以使用 Appium inspector 对 App 进行操作了。

我们首先**打开录制功能，如图 11-25 所示**。

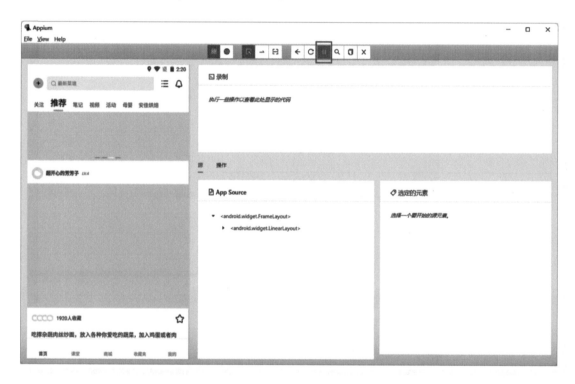

● 图 11-25　打开录制功能

再**选择搜索处，点击进入，如图 11-26 所示**。

在进入搜索框之后，我们再选择到搜索框点击**发送密钥**，如图 11-27 所示，看看会发生什么状况，图 11-28 为搜索结果。

可以发现，我们可以直接在 Appium inspector 中进行搜索，我们的模拟手机的 App 也进行了相应操作。

我们同时也会发现，Appium inspector 可以帮我们**定位我们选择的元素，得到它所对应的 xpath 信息**，如图 11-29 所示。这也**意味着，我们可以通过代码来对相应元素进行各种各样的操作**，同时，在录制功能下，我们所进行的操作，都将会自动地生成相应代码，节省我们编写代码的时间，也减小了代码出错的概率。

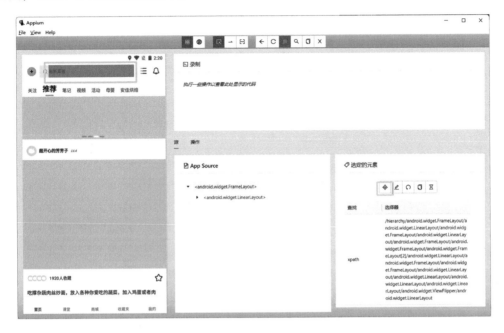

● 图 11-26　搜索

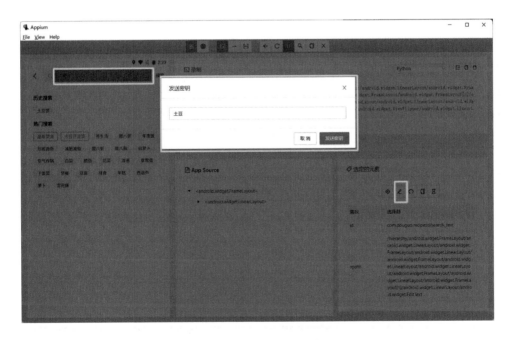

● 图 11-27　发送密钥

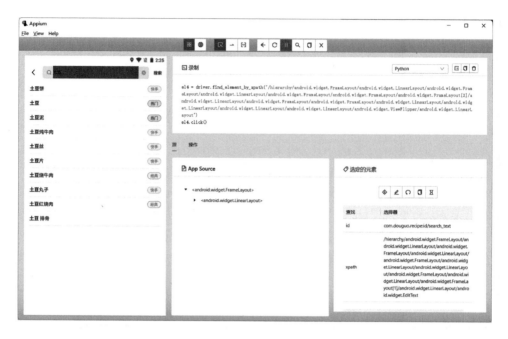

图 11-28　搜索结果

图 11-29　获取 xpath 信息

11.5 本章小结

通过对 App 进行数据爬取，我们知道了，对 App 进行爬虫与对 Web 端进行爬虫其实是一样的流程，它们是互通的。只是我们在对 App 进行数据爬取时，需要先找到 App 的数据包，得到 App 相应数据的 URL。

如同 selenium 对 Web 端进行模拟操作一样，我们在对 App 进行爬虫时也需要使用相应的模拟操作工具。这里对 App 进行模拟操作的工具就是 Appium，而 Appium 的安装也是十分复杂的，需要安装多种应用和配置相应的环境。通过我们这里给出的安装步骤，就可以完成相应的应用安装与环境配置。

安装好 Appium 之后就是如何使用该工具了。打开 Appium-Desktop 之后再打开 Appium inspector，再完成设备信息配置和 App 应用的配置，就可以开始对一个 App 软件进行模拟操作了。使用 Appium inspector 选择页面中的元素，就会显示出该元素对应的 xpath 信息，这也就意味着我们可以使用代码来对该元素计划操作了。而且 Appium inspector 的录制功能还能监视我们在该 App 中进行的所有操作，并且能生成该操作的相应代码，对我们的 App 爬虫起到相应的帮助。

第12章

>>>>>

爬 虫 部 署

本章思维导图

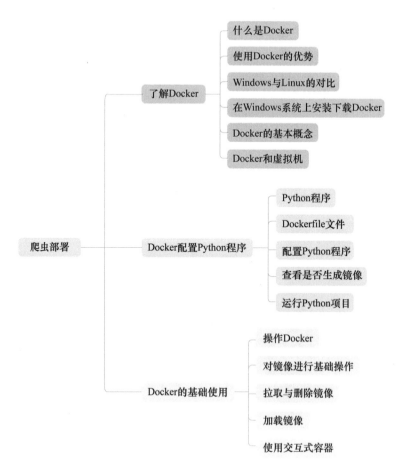

本章知识点:

- Docker 可以封装项目和项目运行环境,使得在运行项目时不需要重新配置环境。
- 了解镜像,容器运行的环境。
- 了解容器,可以理解为虚拟机,一个封装好的环境。
- 了解仓库,存储镜像,可以上传镜像到仓库或从仓库下载镜像。
- Dockerfile 文件,项目的环境配置文件。
- Docker 的镜像操作。
- Docker 的容器操作。

我们在学习的过程中肯定会遇到这样一个问题:我们的一个爬虫项目做完之后,需要将项目程序交给另外一个人,让他对我们的爬虫项目进行测试,看看程序是否有问题。这时,测试人员就需要从头开始搭建程序能够运行的环境。因为我们的程序只有在一定环境下才能够运行,例如,我们写的 Python 程序只能够在 Python 环境下运行,若其他人没有安装 Python 环境,我们即使给他发了我们的 Python 程序,他也无法运行。

为了避免环境配置问题导致程序无法运行,队伍之间推卸责任,产生矛盾,我们需要对我们的爬虫程序进行部署,使得程序的开发环境、测试环境、生产环境保持一致,避免**"代码在我的电脑上运行没有问题啊"**这类问题产生。而能够很好地解决该问题的技术就是容器化技术。

容器化技术,特别是 Docker,已成为现代软件开发和部署的主流方法。Docker 的核心优势在于它能够确保程序在开发、测试和生产环境中的一致性,从而避免了因环境配置差异引起的问题。通过将应用程序及其所有依赖项、配置打包成独立、可移植的镜像,Docker 简化了软件的交付和部署过程,提高了效率和可靠性。此外,它还促进了开发和运维团队之间的协作,使得开发人员可以在本地构建和测试容器,然后交给运维团队进行部署和管理。Docker 的容器化特性还使得应用程序更易于在分布式环境中进行水平扩展。通过容器编排工具,如 Kubernetes,可以轻松管理和扩展容器化应用程序。此外,Docker 提供的跨平台兼容性意味着容器可以在任何支持 Docker 的平台上运行,无论是本地开发环境、云服务器还是物联网设备,从而提高了应用程序的可移植性和一致性。

12.1 了解 Docker

Docker 是一个用来装应用的容器,就像杯子可以装水,笔筒可以放笔,书包可以放书,可以把 hello world 程序放在 Docker 中,可以把网站放入 Docker 中,也可以把你写的爬虫项目放在

Docker 中。接下来我们就了解什么是 Docker。

▶▶ 12.1.1 什么是 Docker？

我们可以**将 Docker 理解为集装箱**，它可以将我们的各个项目都封装起来，形成一个标准化的集装箱，产生的集装箱之间不会有影响。这样我们的项目就可以使用 Docker 进行统一传输了，而不需要再因项目类型不同而考虑走特别的通道，思考 Python 应该怎么传输、Java 项目又应该怎么传输。

简单来说，Docker 的作用就是将我们的项目进行封装，**将项目及其所需要的环境封装成一个整体**，可以快速进行部署、测试。Docker 可以屏蔽环境差异，只要我们的程序打包到了 Docker 中，那么无论运行在什么环境下，程序的行为都是一致的，程序员再也无法说出"程序在我的电脑环境上可以运行的"这种话。

Docker 是一个开源的应用容器引擎，让开发者可以打包他们的应用以及依赖包到一个可移植的容器中，然后发布到任何流行的 Linux 机器上，也可以实现虚拟化。容器完全使用沙盒机制，相互之间不会存在任何接口。几乎没有性能开销，可以很容易地在机器和数据中心运行。最重要的是，Docker 不依赖任何语言、框架或者包装系统。

▶▶ 12.1.2 使用 Docker 的优势

使用 Docker 对项目带来的优势有很多，主要包括以下几点。

- 环境一致性：Docker 容器为应用程序提供了一个隔离的环境，确保在不同的开发、测试和生产环境中应用程序的一致性和可移植性。这减少了"在我机器上可以运行"的问题。
- 便捷的依赖管理：所有依赖项都可以打包到容器中。这意味着无需在每台机器上单独安装和配置环境和依赖项。
- 快速部署和扩展：Docker 容器可以在几秒钟内启动，这使得快速部署和扩展成为可能，特别是在微服务架构中。
- 资源效率：与传统的虚拟机相比，Docker 容器更加轻量级，因为它们共享主机操作系统的核心，而不需要自己的操作系统实例。这降低了资源使用和运行成本。
- 隔离：容器之间相互隔离，避免程序之间可能产生的冲突，确保应用程序之间的安全性和稳定性。
- 易于维护和更新：Docker 镜像易于构建、维护和更新。通过使用 Dockerfile，可以轻松地重建和更新容器。
- 持续集成和持续部署(CI/CD)：Docker 与多种 CI/CD 工具兼容，这有助于自动化测试和部署流程。

- 多平台支持：Docker 支持跨平台，意味着可以在不同的操作系统和硬件平台上运行相同的容器。
- 社区和生态系统：Docker 有一个庞大的社区和生态系统，提供大量预构建的镜像和开箱即用的解决方案。

这些优势使得 Docker 成为现代软件开发和部署的关键工具之一，特别适用于追求高效、一致和自动化的开发流程。

12.1.3 Windows 与 Linux 的对比

那么这时候便出现了一个问题，一个在 Linux 系统上运行的软件如何在 Windows 上运行呢？首先我们需要解释一下 Linux 与 Windows 的区别。Windows 操作系统是一款由微软研发的商业操作系统，而 Linux 是基于 UNIX 的开源操作系统。具体对比如表 12-1 所示。

表 12-1　Windows 与 Linux 对比

	Windows	Linux
系统种类	商业操作系统	开源操作系统
是否有权访问源代码	无权	有权，并可以根据用户需求更改源代码
运行速度	较慢	快于 Windows
安全性	容易成为病毒和恶意软件开发人员的目标	具有很高的安全性，易于识别并修复错误
作用	由游戏玩家和商业用户使用	被企业组织用作服务器和操作系统
硬件与程序方面优先级	优先级相同	
软件支持情况	有大量的视频游戏软件，大多数程序都具有商业性	比 Windows 支持更多的自由软件
易用性	简便易用，但安装时间较长	安装复杂，但能够轻松完成复杂的任务
更新情况	强制更新，时间无法掌控	可以完全控制更新，在需要时进行安装

这些不同点导致了 Windows 系统和 Linux 系统用户相互的向往，因此很早便出现了在异构操作系统上以虚拟机的形式运行 Docker 的项目出现，后来 Docker 公司又推出工具包(即直接在 Windows 上创造一个 Linux 虚拟机)。随着容器技术的发展，Docker 可以以两种形式运行在 Windows 上——以 Hyper-V 虚拟机的形式运行 Linux 格式的容器，或运行原生的 Windows 容器。

12.1.4 在 Windows 系统上安装下载 Docker

1. WSL2 的安装

WSL2 是适用于 Linux 的 Windows 子系统，可让开发人员在 Windows 中按原样运行 GNU/Linux 环境，包括大多数命令行工具、实用工具和应用程序。

2. 电脑设置

1)确保虚拟化选项开启。设置→任务管理器→性能，如图 12-1 所示，确定虚拟化已启用。

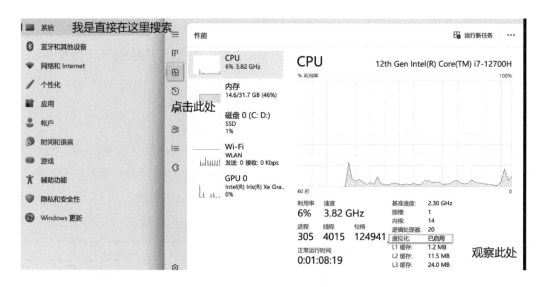

● 图 12-1　电脑性能界面

2）进行系统化设置。控制面板→程序→启用或关闭 Windows 功能→开启 Hyper-V、Windows 虚拟化和 Linux 子系统，如图 12-2 和图 12-3 所示。

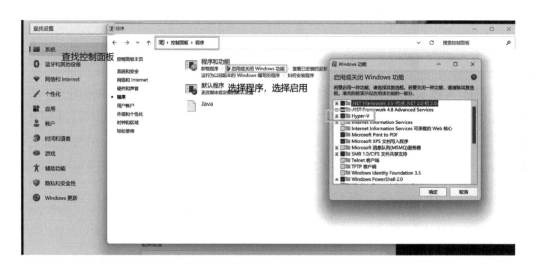

● 图 12-2　启动 Hyper-V

● 图 12-3 开启 Windows 虚拟化、Linux 子系统

此处需要注意，若未能找到 Hyper-V，可以进行如下操作。

创建记事本并输入以下代码：

```
pushd "%~dp0"
dir /b %SystemRoot%\servicing\Packages\*Hyper-V*.mum >hyper-v.txt
for /f %%i in ('findstr /i . hyper-v.txt 2^>nul') do dism /online /norestart
/add-package:"%SystemRoot%\servicing\Packages\%%i"
del hyper-v.txt
Dism /online /enable-feature /featurename:Microsoft-Hyper-V-All /LimitAccess /ALL
```

将文件扩展名由 txt 修改为 cmd。单击右键，选择以管理员身份运行，如图 12-4 所示。

● 图 12-4 以管理员身份运行

运行完毕重启，即可出现 Hyper-V。

3. 系统安装

可以通过命令行和微软商店两种方式进行安装，具体操作如下。

（1）命令行安装

1）以管理员权限启动 PowerShell，如图 12-5 所示。

● 图 12-5　以管理员权限启动 PowerShell

2）在命令行界面中输入以下命令，如图 12-6 所示。

```
wsl --install -d Ubuntu
```

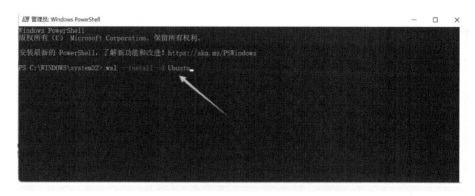

● 图 12-6　在命令行界面中输入命令

（2）微软商店直接安装

1）打开微软商店，如图 12-7 所示。

● 图 12-7　打开微软商店

2）在搜索框内输入 Ubuntu，在下方的搜索结果中找到如图 12-8 所示第一个结果，点击"免

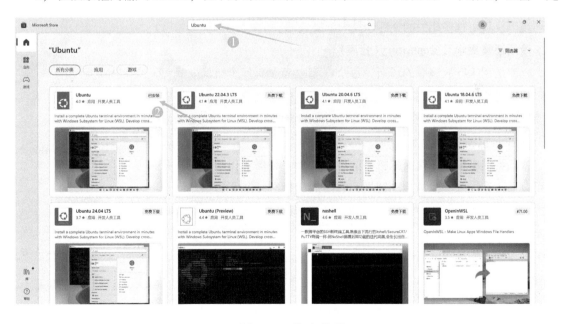

● 图 12-8　搜索结果

费下载"按钮。此处因为已经安装过 Ubuntu，所以显示的不是"免费下载"按钮，而是"打开"按钮。

▶▶ 12.1.5 Docker 的基本概念

Docker 中有三个最基本的概念，分别是 **Image（镜像）**、**Container（容器）**和 **Repository（仓库）**，**镜像是 Docker 运行容器的前提，仓库是存放镜像的场所**，可见镜像是 Docker 的核心。下面我们就一一进行了解。

首先我们来了解一下镜像。

到底什么是镜像呢？我们知道，在安装 Linux 操作系统时，需要配置一个扩展名为 iso 的配置文件。这个文件就是一个镜像文件，只有配置好这个文件，虚拟机才能够正常运行。这里的镜像与 iso 镜像文件类似，它为容器的运行提供了所需的程序、库、资源、配置文件等。

镜像是一个只读的模板，一个镜像包含一个完整的操作系统环境。通过镜像我们就可以创建 Docker 容器。

接下来认识容器。

Docker 利用容器来运行项目。容器是镜像的一个实例，能够被启动和关闭，容器之间相互隔离，不会产生影响。我们可以将容器看作是一个小型的虚拟机，可以用来运行我们的项目。容器即可看作一个封装好的项目程序，包含配置环境以及项目程序相关的文件，是一个集装箱。

最后还需要学习 Repository（仓库）。

仓库是用来存放镜像的场所，每个仓库中都含有多个镜像。我们可以将自己的镜像传送到仓库，也可以将仓库中的镜像下载到本地中来使用。这个概念与 Git 类似，可以用来管理镜像文件，图 12-9 所示为 Docker 示意图。

我们可以**将镜像看作虚拟机中的镜像文件，容器看作虚拟机**。我们可以通过镜像来创建与启动容器，容器的运行必须基于镜像。而仓库中包含多个镜像文件，我们可以向仓库传送自己的镜像，也可以将仓库中的镜像导入本地。容器即是一个集装箱，是我们封装好的项目，已经配置好了相关的运行环境，可以直接运行。

● 图 12-9　Docker 示意图

▶▶ 12.1.6 Docker 和虚拟机

在上面介绍虚拟机的过程中，我们常常拿 Docker 与虚拟机类比，那它们之间到底有什么联系，有什么异同？

我们知道，Docker 的出现是为了解决程序的运行环境差异这个问题，防止"程序在我的电脑上能够运行啊，怎么现在就无法运行了呢？"这种问题发生。而虚拟机就是为环境产生的，让我们可以在 Windows 机器上运行 Linux 环境，或是其他配置环境。所以说，虚拟机可以用来解决程序运行的环境问题。那么部署爬虫时为什么使用 Docker，而不使用虚拟机呢？

这是因为，虚拟机的功能是让我们使用其他环境，在其他环境中进行操作，所以它占用的资源是非常多的，至少需要十几 GB，而且还需要模拟硬件的资源，使得虚拟机非常笨重。封装的虚拟机资源远大于程序资源，所以说使用虚拟机来配置项目程序的运行环境是极其不合适的。此外，使用过虚拟机的人都知道，虚拟机的启动是非常缓慢的，极大降低了项目上线效率。

而 Docker 不同，它是一个轻量级的应用，因为它只为项目程序提供运行时所需的环境，不需要模拟硬件等数据，所以耗费的资源很小，并且它的运行速度非常快，可以快速完成项目程序的配置。

12.2 Docker 配置 Python 程序

在本节内容中，我们将重点介绍如何在 Dorcker 环境下配置 Python 程序。我们会逐步讲解如何构建和运行 Docker 镜像，在此过程中，会详细讲述 Python 程序的相关内容，以及 Dockerfile 文件的详细配置和运行方式，确保能够在 Docker 环境下正常运行 Python 项目。

▶▶ 12.2.1 Python 程序

首先准备 **app.py 文件**和 **requirements.txt 文件**。

app.py 是我们的程序实现功能的代码，这里的程序很简单，就是打印"Hello World！"，如图 12-10 所示。

```
print 'Hello World!'
```

● 图 12-10 演示代码

而 **requirements.txt 用来记录我们的 Python 程序使用了哪些第三方库文件**，也就是 Python 文件中我们使用 import 导入的库，如图 12-11 所示，以便程序在进行部署时，将需要的第三方库一起进行部署。因为这里没有使用第三方库，所以 requirements.txt 内容为空。

```
[node1] (local) root@192.168.0.13 ~/myapp
$ ls
app.py            myapp            requirements.txt
```

● 图 12-11 requirements.txt 文件

▶▶ 12.2.2　Dockerfile 文件

有了项目相关的文件，我们接下来就需要
配置 Dockerfile 文件。

**Dockerfile 是一个文本文件，文件中包含
了一条条构建镜像所需的指令，Docker 将根
据这个文件为我们的 Python 程序配置环境，
如图 12-12 所示。**

```
1  FROM python:3.7
2  COPY myapp .
3  WORKDIR myapp/
4  RUN pip install -r requirements.txt
5  CMD ["python","app.py"]
```

● 图 12-12　Dockerfile 文件

图 12-8 中各关键词含义如下。

- **FROM**：项目运行的 Python 版本。
- **COPY**：将项目文件复制到一个镜像文件中运行。（**注意：这里的"myapp"与"."应
  该交换位置，这是由于操作系统不同引起的问题。**）
- **WORKDIR**：项目运行的目录。
- **RUN**：下载 requirements.txt 中第三方库。（**注意：我们此次项目中没有导入第三方库，所
  以可以不加这一条语句，可以直接删除。**）
- **CMD**：即是使用 Python 来运行 app.py 程序。

▶▶ 12.2.3　配置 Python 程序

使用命令 docker build -t app .为我们的 Python 配置环境。

由图 12-13 可知，Docker 正在为我们的程序一步步进行配置。

```
[node1] (local) root@192.168.0.13 ~/myapp
$ docker build -t myapp .
Sending build context to Docker daemon  4.096kB
Step 1/5 : FROM python:3.7
3.7: Pulling from library/python
e756f3fdd6a3: Pull complete
bf168a674899: Pull complete
e604223835cc: Pull complete
6d5c91c4cd86: Pull complete
2cc8d8854262: Pull complete
2767dbfeeb87: Pull complete
296236d5215e: Pull complete
6ce1535cd557: Pull complete
1e561f24c4db: Pull complete
Digest: sha256:bd2de989b824f57c2017fb7a0af66092c1baee182e5b73d1149de40efd667aac
Status: Downloaded newer image for python:3.7
 ---> fb303727a80b
Step 2/5 : COPY myapp .
```

● 图 12-13　使用命令 docker build -t app .

▶▶ 12.2.4　查看是否生成镜像

使用命令 docker images 查看所有的镜像文件。

图 12-14 中就创建了 myapp 镜像和 Python 镜像。

```
[node1] (local) root@192.168.0.13 ~/myapp
$ docker images
REPOSITORY     TAG       IMAGE ID        CREATED          SIZE
myapp          latest    5d44f56a7b81    56 seconds ago   906MB
python         3.7       fb303727a80b    25 hours ago     906MB
```

● 图 12-14　查看创建的镜像

▶▶ 12.2.5　运行 Python 项目

使用命令 docker run myapp 运行部署好的 Python 项目，如图 12-15 所示。

```
[node1] (local) root@192.168.0.13 ~/myapp
$ docker run myapp
hello world!!!
```

● 图 12-15　运行 Python 项目

12.3　Docker 的基础使用

配置好 Docker 的环境后，就可以使用 Docker 了。接下来介绍一下 Docker 的一些基本操作。

▶▶ 12.3.1　操作 Docker

Docker 在安装完成后，默认每一次开机时都会自动启动，但某些计算机会因为拖慢开机速度而禁止开启。对此，我们可以手动开启、关闭或重启 Docker。

- 启动 Docker：sudo service docker start
- 重启 Docker：sudo service docker restart
- 停止 Docker：sudo service docker stop

▶▶ 12.3.2　对镜像进行基础操作

获取当时所有镜像的命令：docker image Is 或者 docker images 输入命令后会显示出所有镜像和各镜像的标签。

注：表 12-2 为显示结果中的一些标签及其含义。

表 12-2　标签及含义

标　　签	含　　义
REPOSITORY	镜像所在的仓库名称
TAG	镜像标签
IMAGEID	镜像 ID
CREATED	镜像的创建日期
SIZE	镜像大小

▶▶ 12.3.3　拉取与删除镜像

除了官方镜像，我们还可以在仓库中申请一个自己的账号，保存自己制作的镜像，或者拉取他人的镜像，表 12-3 中为拉取镜像命令。

表 12-3　拉取镜像命令

镜　像　来　源	拉　取　命　令
官方镜像	docker image pull 镜像名称(docker pull 镜像名称)
个人镜像	docker pull 仓库名称(docker pull xunmi/django)
第三方仓库拉取	docker pull 仓库名称

若我们不需要某些镜像或容器，可以通过表 12-4 中的命令将其删除。

表 12-4　删除命令

docker rm	删除一个或多个容器
docker rmi	删除一个或多个镜像
docker prune	用来删除不再使用的 Docker 镜像

值得注意的时，如果正在使用某个容器，会导致该容器内的镜像删除失败。因此，如有需要，先删除容器。

▶▶ 12.3.4　加载镜像

虽然 Docker 镜像是基于一系列只读层构建的静态资源，但在实际部署中，为了适应动态变化的运行环境，Docker 通过在镜像的顶部添加一个可写的容器层，将其转变为一个动态、可执行的实体——容器。

事实上，将镜像转化成容器有诸多好处。

- 隔离性：容器可以提供隔离性，确保应用程序在容器内运行时不会与主机系统或其他容器发生冲突。这种隔离性使得容器可以在多租户环境中安全地运行多个应用程序。

- 可移植性：容器可以在不同的操作系统和主机上运行，而不需要重新配置和调整。这使得开发人员可以更加轻松地在不同的环境中部署和迁移应用程序，提高了应用程序的可移植性。

- 管理和部署简便性：通过使用容器编排工具(如 Docker Compose 或 Kubernetes)，镜像可以更容易地进行管理和部署。容器编排工具可以自动化容器的创建、启动、停止和销毁等操作，简化了应用程序的管理和维护过程。

- 扩展性：容器可以水平扩展，即通过创建多个相同的容器实例来处理更高的负载。这种扩展性使得应用程序可以更好地应对高流量和峰值负载，提高了系统的可伸缩性。

加载镜像的命令是：

docker run [可选参数] 镜像名 [向启动容器中传入的命令]

相关可选参数如表 12-5 所示。

表 12-5　相关可选参数作用

常用可选参数	作　　用
-i	表示以交互模式运行容器
-d	会创建一个守护式容器在后台运行
-t	表示容器启动后会进入其命令行，加入这两个参数后，容器创造就能登录进去——分配一个伪终端
-name	为创建容器命名(仅支持英文)
-v	表示目录映射关系，即宿主机目录：容器中的目录
-p	表示端口映射，即宿主机端口：容器中的端口
-network = host	表示将主机的网络环境映射到容器中，使容器的网络与主机相同。每个 Docker 容器都有自己的网络连接空间连接到虚拟 LAN。使用此命令则会让容器和主机共享一个网络空间

▶▶ 12.3.5　使用交互式容器

通过上述操作，我们将镜像变成了容器，那么我们要如何与正在运行的容器进行交互呢？

1. 查看容器

查看容器运用 ps 命令：

docker ps 参数

如果不加参数，则默认为-a，表示查看当前所有正在运行的容器。相关参数作用如表 12-6
所示。

表 12-6　相关参数作用

参　　数	作　　用
-a	查看当前所有容器
-f name＝指定名称	使用过滤器(除 name 外，还可以指定 id：id ＝，所有停止的容器：status ＝ exited，正在运行的容器：status ＝ running 等)
-n x(数字)	显示 x 个上次创造的容器
-l	显示最新创造的容器(包括所有状态)
-q	显示 IP
-s	显示容器大小

表 12-7 为一些容器标签的含义。

表 12-7　容器标签及含义

标　　签	含　　义
CONTAINER ID	镜像 ID
IMAGE	创建容器的名称
COMMAND	默认启动命令(启动时会自动执行)
STATUS	当前的状态(启动了多久)
PORTS	映射的端口
NAMES	容器的名称
SIZE	容器的大小(使用-s 时才能看见)

2. 启动和关闭容器

表 12-8 为 Docker 的一些启动与关闭命令。

表 12-8　启动与关闭命令

停 止 容 器	docker container stop 容器名
强制关闭容器	docker container kill 容器名
启动容器	docker container start 容器名

注：**stop** 和 **kill** 的区别在于，**stop** 相当于我们正常退出并关闭一个容器，而 **kill** 相当于程序
出现问题，我们对其进行强制关闭。

3. 删除容器

面对一个需要删除的容器，首先应确保这个容器已经停止运行，正在运行的容器无法删除。

第一步：判断是否停止运行。

docker ps -a

第二步：若没有，则停止运行。

docker stop

第三步：删除容器。

docker rm 容器名

4. 容器制作成镜像

容器制作成镜像有什么优势呢？

- 可重复性：容器转换为镜像后，可以创建多个相同的容器实例，确保应用程序的一致性和可重复性。这对于构建和部署集群、复制开发环境以及实现负载均衡非常有帮助。

- 部署效率：容器转换为镜像后，可以快速部署和启动多个具有相同配置的容器。镜像可以在不同的环境中分发，使得部署过程更加高效和可控。

- 安全性：镜像是只读的，不可更改的。将容器转换为镜像后，可以确保应用程序和其依赖的组件在运行时不会被篡改。这提供了一定程度的安全性，减少了潜在的漏洞和攻击风险。

- 管理和维护简化：通过将容器转换为镜像，可以更轻松地管理和维护容器的生命周期。镜像可以被保存、分发和备份，方便进行版本控制和回滚操作。这样可以简化容器的管理和维护工作，提高生产环境的稳定性和可靠性。

- 环境一致性：镜像可以确保应用程序在不同的环境中具有一致的行为。不论是在开发、测试还是生产环境中，使用相同的镜像可以保证应用程序的行为一致，减少因环境差异而引起的问题。

那么我们如何将容器制作成镜像呢？操作如下。

1）将容器制作成镜像：

docker commit 容器名　镜像名

2）镜像打包备份（打包备份的文件会自动存放在当前命令行的路径下，如果想让保存的文件可以打开，可以加.tar 扩展名）：

docker save-o 保存的文件名　镜像名。

3）镜像解压：

docker load -i 文件路径/备份文件

12.4 本章小结

Docker 技术是每个程序员都应该掌握的，它能够将我们所写的项目程序与程序运行所需要的环境封装成一个整体。这样，别人在使用我们的程序时，就能够直接运行我们的项目，而不再需要去重新配置项目所需要的环境，避免了"程序在我的电脑上能够运行，而在其他人的电脑上就无法运行了"这类问题产生。

Docker 有三个基本的概念，分别是仓库、镜像、容器。三者分工合作，完成项目的环境配置。Dockerfile 文件是一个十分重要的文件，我们通过这个文件对项目环境进行配置，程序的语言环境、第三方库等信息都是通过 Dockerfile 文件说明的。